Self-control
Determines Everything

你不是迷茫，
而是自制力不强

菲尔图 / 著

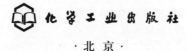
化学工业出版社

·北京·

图书在版编目（CIP）数据

你不是迷茫，而是自制力不强／菲尔图著. —北京：化
学工业出版社，2016.10（2020.1重印）

ISBN 978-7-122-27973-6

Ⅰ.①你…　Ⅱ.①菲…　Ⅲ.①自我控制-通俗读物
Ⅳ.①B842.6-49

中国版本图书馆CIP数据核字（2016）第208606号

责任编辑：马　骄　　　　　　　　文字编辑：龙　婧
责任校对：边　涛　　　　　　　　装帧设计：溢思视觉设计
　　　　　　　　　　　　　　　　　　　　　E-mail: isstudio@126.com

出版发行：化学工业出版社（北京市东城区青年湖南街13号　邮政编码100011）
印　　装：三河市航远印刷有限公司
880mm×1230mm　1/32　印张8½　字数176千字　2020年1月北京第1版第10次印刷

购书咨询：010-64518888　　　售后服务：010-64518899
网　　址：http://www.cip.com.cn
凡购买本书，如有缺损质量问题，本社销售中心负责调换。

定　　价：38.00元

序

别灰心，
你的生活只是刚刚开始

大多数人认为，他们不成功的原因是自己的目标感不强，而且运气不佳。

我在大学刚毕业的时候也是这样，总是感觉找不到成功的状态，在两年之内换了十份工作，住在市郊的一栋破公寓里。

说起那段时光，既压抑又丢人。

我吃最差的快餐，每天下班之后窝在沙发里打开电视机，看一些无聊的肥皂剧，喝一点啤酒，然后昏昏沉沉地睡觉，很多时候，我睡着的时候电视机还是开着。

在公司里，我总是抬不起头，无论换了哪份工作，我都是办公室里最底层的人，我不敢正视领导的眼睛。

1982 年的夏天，我记得我在一家大型电器制造公司里工作，那是我毕业之后的第五份或是第六份工作，我遇到了一个很好的领导——道森先生。他 50 多岁，风度翩翩，总是给我很多鼓励和帮助，我内心对成功的期望好像被点燃了。

在那段时间里，我开始努力地工作，忘记了生活的艰辛，并一度十分积极地去扩展自己的能力。

但是，命运总是喜欢捉弄你。

公司由于销售欠佳而决定裁员，是的，我就是第一批被裁掉的人中的一个。道森先生无奈地把我叫到他的办公室，告诉了我这个不幸的消息。

不知道你是否能体会那种感觉？

当你稍有斗志去做一些事情时，当你正准备告别黑暗迎接黎明时，一切却全都朝着你不希望的方向发展。

我只能重新开始投简历、面试，计算着我还有多少钱，能撑多少天。

那段时间里，我基本就是忙着找工作、工作和被炒鱿鱼。所有的应酬我几乎都推掉了，因为我混得实在不好，而且我没有钱。

有一天，我下了班，一个人在路上麻木地走着，忽然听到有人喊我的名字："菲尔图。"

我扭头一看，原来是那位我唯一碰到过的对我微笑的领导。

"嗨，道森先生。好久不见了！"我不会忘记任何一个对我好的人。

"孩子，最近过得怎么样？"

"马马虎虎吧。"

"走吧，如果你晚上没有事的话，我请你喝两杯。"道森先生很热情。

"好的。"

拐过两条街，有一个很小的酒吧，我们找了个位置坐下，道森要了一些威士忌，而我点了啤酒。我们开始聊一些生活上的事，我把内心的压抑和迷茫跟道森先生说了出来。

道森先生听完，对我说："菲尔图，我能理解你的处境，但是，我一点也不会同情你。"

他的话让我很诧异。

道森先生接着说："孩子，如果你听我说完我的故事，你就知道为什么我不会同情你。"

我点点头，道森先生喝了一口威士忌，给我讲他的经历。

原来道森先生并没有读过什么书，他在德克萨斯州的一个偏僻的农村里长大，但是他并不甘心一直当个农民，于是就带着 200 美元，一个人坐着火车来到了芝加哥。

生活就是这样，他到了芝加哥，不认识任何人，为了生计，他开始四处找工作，但是找了很久，都没有一家像样儿的公司接受他——他只有小学文化，一口德州乡音，没有任何的工作经验。

当时，道森先生的钱快花完了，没有办法，他硬着头皮去餐馆问有没有刷盘子的工作。有家小餐馆正好缺人，道森先生就开始上班了，当时的薪水只有一小时一美元。

就这样，道森先生开始靠刷盘子养活自己，但是薪水太少，于是他又找了另外一家24小时营业的便利店做夜班收银员，就这样一天打两份工，道森先生勉强能在芝加哥活下去。

生活的无奈并没有让道森先生沉沦下去，当生存问题已经解决之后，他决定改变自己的命运。他知道芝加哥大学有一些社会课程可以申请，于是他鼓足勇气去申请了。为了能顺利通过申请，道森先生只好在申请文件上撒了个谎，说自己是高中毕业。

好在当时这些社会课程的审核并不严格，道森先生申请到了企业管理方面的课程。

但现实的问题又来了，这份课程需要交一笔不小的费用，而且考试不通过不给任何的证明，也不会给你重新学习的机会。

这让道森先生感到了前所未有的挑战。但是他觉得这是他为数不多的机会，于是他下定了决心，跟自己认识的所有的人借了钱，凑足了学费。为了早点还钱，他只能又打一份工，在住所旁边的一家咖啡馆上早班。

就这样，道森先生早上做咖啡，中午刷盘子，晚上值班收银。只要有时间，他就看书准备。那段日子里，道森先生即使病了也不敢休息，晚上在便利店值班的时候，因为太困了，经常坐着就睡着了，头一下砸在收银台前的玻璃上，自己才惊醒过来。

很快，芝加哥大学的课程开课了，道森先生开始拼命地学习，但这些课程对于只有小学文化的他来说并不容易，有很多词他都很难理解，他只好一边翻字典一边学，逐渐地，他补上了自己落下的课程，并在最后的考试中顺利通过，获得了芝加哥大学的学位。

日子就是这样慢慢好了起来。道森先生拿到了学位，他的债务也通过打工还清了，他开始面试一些大的公司，逐渐拥有了自己的事业。

道森先生讲完了他的经历，眼眶有些湿润地说："孩子，你要知道，我在芝加哥生活的第一年，比你困难和迷茫得多。你读过大学，你这么年轻，找工作比我当时要容易得太多了。你的生活只是刚刚开始。"

我点点头。或许是我把自己的感受放到了第一位，而无法真正改变自己。

道森先生最后说："当你看不到方向的时候，你要做的就是先活下来，然后提高自己。当你有了方向的时候，你要做的就是拼尽你的全力。但无论怎样，你都需要自制力。我在芝加哥的第一年，没有浪费过时间在那些可有可无的事上。即使后来我真正工作了，我每天晚上也会抽出时间写工作总结和学习。"

那一晚，道森先生的话彻底改变了我。

回到家，我给自己制订了一个计划，这个计划包括学习上的、工作上的和财富上的，我用很大的字把它写在一张纸上，贴在夜夜陪伴我的电视机上。以至于我每次想靠肥皂剧打发夜晚时光的时候，我就会看到那张纸和我的计划，转而就去看书和学习了。

过了几年，我已经成为一家公司的管理者了。

现在，我经常对我的朋友和学生说："生活比你想得复杂，也比你想得简单。"

为什么呢？你总是想着自己有怎样的天赋、用什么样的方法能取得成功，但却不能有效地控制你的生活和时间，最后你的想法永远不会得到实现，你缺的就是自制力。

当然，并不是所有的人天生就有好的自制力，我在 2000 年之后发现了这个问题。因为自制力一方面取决于你天生的意识水平和长期的性格塑造，另一方面也需要技巧来帮助你提升。于是，我开始研究自制力和意志力，研究意识与潜意识，然后我发现我的研究帮助了很多人。

既然自制力帮到了道森先生，改变了我，所以我相信，它也一定能帮到你。

目录

第一章

你的迷茫，皆因自制力不强

洛杉矶凌晨四点是什么样子　/ 002

没有自制力，信心逐步缺失　/ 006

情绪失控也是因为自制力不够　/ 010

失去自制力，你会无数次放弃　/ 013

马丁的转变：从迷茫到强大　/ 018

决定自制力的因素　/ 022

行为管理是一门成功科学　/ 027

◇有效练习1　扫雷：发现你的自制力障碍　/ 031

打败干扰，从拖延和懒惰中走出来

第二章

承认吧，你就是自制力很差　/ 036

关于干扰的好消息　/ 040

给自己建立"制约机制"　/ 044

不找借口　/ 048

你在给自己"心理许可"吗　/ 052

跳出舒适区域　/ 056

告别对"明天"的依赖　／ 060

我拒绝接受那个结果　／ 064

培养紧迫感的方法　／ 068

◇有效练习 2　治愈"拖延症"　／ 071

第三章

掌控思想——自制力的核心力量

你关注什么，就是什么　／ 076

努力做到"身心合一"　／ 080

学会权衡利弊　／ 083

主动赢得一切　／ 087

克服内心深处的恐惧感　／ 091

牢记你想要的结果　／ 095

把"放弃"从你的词典中剔除　／ 099

使用"精神刺激法"　／ 102

抱怨会让精神力量流失　／ 106

◇有效练习 3　做一件自己害怕的事　／ 110

第四章

扭转情绪，保护你的自制力

总有不想发生的事会发生　／ 114

15 秒钟可以改变你的一生　／ 117

情绪转换的可能性　／ 120

征服情绪那头"大象"　／ 124

不要和世界对抗　／ 127

积极的心理暗示　／ 130

热情会让你更强　／ 134

远离负能量的词汇　／ 138

◇有效练习 4　情绪管理训练　／ 141

使用自制力，掌控你的时间和生活

第五章

你的时间，比你想得还有限　／ 146

看清虚假忙碌的面目　／ 149

做重要的、有效的事　／ 153

重新审视你的 Deadline　／ 156

时刻投入当下的自制力　／ 160

零碎的时间是珍珠　／163

帮助自己提高自己　／166

平衡的生活才会丰盛　／169

拒绝应该拒绝的人和事　／172

◇有效练习 5　运用番茄工作法　／175

第六章

使用自制力，培养成功的好习惯

习惯的惊人力量　／180

28 天，让你一生受益　／184

"无一例外"原则　／188

坚持就是自制力　／192

邀请几个监督员　／196

想偷懒时，用"IDR"对策　／201

也许你根本没找到问题的根源　／205

替换，而不是抹去　／209

养成以后，保持住　／213

◇有效练习 6　养成"每天整理文件"的好习惯　／217

第七章

使用自制力，开启新的人生体验

打造一份署名为你的计划书　／ 220

实现一个现在就能实现的愿望　／ 224

培养一个"赢的"习惯　／ 227

那是你一直梦想去做的事情吗　／ 230

让你的行动上一个档次　／ 234

为新的人生"化个妆"　／ 238

结识你想结识的人　／ 242

远离让你尴尬的臃肿身材　／ 245

◇有效练习 7　保持你的自制力　／ 249

后记　拥有自制力，掌握自己人生

第一章

你的迷茫，皆因自制力不强

洛杉矶凌晨四点是什么样子

这个问题很多人问过我：如何才能快速地成功？

我往往会反问这些提问者："当诱惑出现时，你是否能管住你自己？"

被我反问的人往往低头不语，因为他们并不知道自己是否拥有强大的自制力，或是他们根本就是缺乏自制力的人。

无论在什么地方，都有无数的年轻人，他们渴望获得巨大的成功，他们希望自己能够走上财富自由之路，他们盼望自己能成为某一领域里的顶尖人士。但是，他们却连自己的行为都管不住，这和心智不成熟的孩子没有太大的区别。

我的表弟埃尔文，他在很小的时候就表现出过人的绘画天赋，包括他父母在内的身边所有人都希望他能够继续发展自己的才华，并把他送进了艺术学院。但是从艺术学院毕业之后，埃尔文出了一点问题。他对美术和艺术的兴趣减弱了，他觉得终日与画笔打交道太枯燥了，转而疯狂地迷恋起音乐来。

埃尔文索性停止了继续追求绘画艺术的步伐,开始组建自己的乐队。但遗憾的是,几年过去了,他的乐队依旧没有太大的起色,家里人怎么劝他都毫无效果。再到后来,埃尔文放弃了对音乐的追求,又转而热衷起手工艺。他花了很长时间研究如何制作小的工艺品,并把这些作品放到网上去卖。很遗憾,很少有人问津。于是,他又在寻找别的感兴趣的事了。

像埃尔文这样的年轻人非常多,他们都有一个共同的特点——就是过着像"跳蚤"一样的人生,今天想起什么就去做什么,哪天觉得不合心意或看不到希望,就转行去做别的。

其实这样的方式是很难让一个人成功的,到最后,这些"跳来跳去"的人还是找不到方向,最终沦为得过且过的人。那么,你是这样的人吗?

很多人都有一个错误的"幻觉",觉得自己现在的平庸和无为,是因为没有找到对的路,是自己的大方向错了,所以才会不成功。但其实这些人都忽略了一个严重的真相,你的成功不需要你有太大的兴趣,只需要你有一定的天赋,有自己的目标,另外就是要有自制力,这三样缺一不可。

你一定喜欢"小飞侠"科比·布莱恩特的表演,这位通过1996年NBA选秀进入夏洛特黄蜂队的巨星,在他长达20年的职业生涯中,共获得5枚总冠军戒指,连续15次入选全明星阵容,两届总决赛MVP,可以说他是我们这个时代最有影响力的运动员之一。

将近两米的身高，是科比能够从事篮球这项运动的天赋。他从小就深受父母的影响，喜欢洛杉矶湖人队，也崇拜"魔术师"约翰逊，科比希望自己能有朝一日成为 NBA 大联盟的球员，这是科比的目标。

你要知道，在美国，从事篮球这项运动的年轻人多得数不清，也有很多有天赋的孩子从小就开始打球，大家都梦寐以求地进入 NBA 成为巨星，过上呼风唤雨的生活。但是为什么只有很少的人，像科比·布莱恩特、拉里·伯德、迈克尔·乔丹这样的人成为了真正的成功者呢？

答案是自制力。

有记者采访科比："你为什么这么成功？"科比反问记者："你知道洛杉矶凌晨四点是什么样子的吗？"记者摇摇头说："不知道，是什么样子的？"

科比笑着说："其实我也不太清楚，大概是漫天的星星，行人很少。我只知道每天凌晨四点，我就起床行走在黑暗的洛杉矶街道上。一天过去了，洛杉矶的黑暗没有丝毫改变；两天过去了，黑暗依然没有半点改变；十多年过去了，洛杉矶街道凌晨四点的黑暗仍然没有改变。但我却已变成了肌肉强健，有体能、有力量，有着很高投篮命中率的运动员。"

现在你明白了吗？具体来说，科比一直在坚持自己的"666 魔鬼训练"：每周 6 天，每天 6 个小时，每次 6 个阶段。假期每天 4000 次投篮训练，深蹲 400 次、卧举 300 次。当别的球员在聚会、度假时，科比在训练。

你觉得这是对篮球的热爱？错，这是自制力，是一种典型的自我约束的能力。没有这种自制力，职业球员的运动寿命会非常短暂，或许只有三五年。

可能还有人记得肖恩·坎普，他曾经是 NBA 著名的"扣将"，他在最初的赛季让人眼前一亮，每场能得 20 分以上，很多都都觉得他前途无量，甚至能成为奥尼尔、乔丹那样的人物。但是几个赛季之后，大家就在场上看不到他了，他无节制的生活让他变得肥胖，运动能力下降得很快，最后，他早早地结束了职业生涯，更惨的是他还宣告了破产。

人们总是希望自己找到正确的道路，发挥自己的优势，但是却从来不去思考自己拥有怎样的自我管理水平。你之所以时常感到迷茫，是因为你无法管理你自己，你不能做到自律，而没有自制力的人显然是缺乏耐心的。

当你缺乏耐心时，最明显的变化就是——你会对眼前的工作和生活失去信念，你会感到沮丧和彷徨。在你还没能体会到实现小目标的成功和快乐时，你就已经开始要放弃你过去的努力了。

所以，我希望诸位能够注意到一点，缺乏自制力的人有个显著的特点就是"经常否定自己"，当你也存在这样的情况时，你必须做出改变，否则你的自信心将会逐步缺失，人生会朝着你无法控制的方向发展。

没有自制力，信心逐步缺失

为什么戒过一次香烟的人，想要再戒掉会变得很难？

为什么减肥成功过的人，体重变胖后，再减肥会难上加难？

我们的自制力，就像肌肉，当你为了实现某一目标而锻炼它时，它会变得强壮，而过了一段时间不再需要它时，它就会变得松懈和软弱，当你想要再为了同样的目标而把它练得强壮，你需要花费更大的力气和决心。

为什么是这样呢？因为你的心理发生了变化，你的潜意识里会埋下"失败"的影子，会不断冲击你的意识，让你行动起来更艰难，你会需要重新增强自制力，直到超过自己之前的自制力水平，这确实很难做到。一旦难以做到，你的信心就会受到打击，于是你会变得更没有自制力。

贝拉 20 岁的时候，身高 170 厘米，体重 80 千克。漂亮的时装她是不可能穿了，只能跟妈妈一样，去买特别订制的大号女装，这让她成了别人取笑的对象。贝拉下定决心减肥，经过半年多时间的努力，她成功地将体重减到了 60 千克，这对她来说是一个巨大的突破，她觉得自己好看了很多，事实也真的是这样，于是，她开始恋爱了。

可好景不长，22岁时，她尝到了失恋的滋味，这让她陷入了极大的痛苦中，她通过频繁地社交和不断地吃美食来缓解心情。但情况变得更糟，她的体重又迅速增长了起来，几个月的时间又回到了80千克，甚至比之前更胖。

这种糟糕的情况持续了一段时间，她开始求助心理医生，医生帮助她走出了失恋的痛苦，并重新唤起她对生活的积极态度，她决定再次减肥。但当她又一次开始减肥的时候，她明显感觉到，这回好像更难，她既不能抵制住美食的诱惑，又不能按照计划充分地锻炼。几个月过去了，体重并没有达到她理想的目标。

她找到我，希望我能够给予她帮助，我们进行了一次面对面的沟通。

"贝拉，这次减肥的过程中，你没有很好地控制住自己，对吗？"

"是的，我也不知道为什么，我好像对自己没有信心，越是减肥，我越想吃东西，我知道这样做不对，但是我控制不住自己。"

"你为什么会感觉到没有信心呢？"我很想知道问题的根源。

"嗯，或许是我没有做好减肥的准备吧，我甚至一步都不想踏上那台跑步机！"贝拉说。

"不，那不是问题的根源，你再想想，有哪些念头让你对自己降低了要求。这对我能否真正帮到你很关键，你不用着急，先想一想然后再告诉我。"我起身给她端过来一杯茶。

贝拉想了几分钟，然后鼓起勇气对我说："不知道是不是因为这个原因，当我要去进行减肥训练的时候，我总是在想，'贝拉，就算你瘦下来又能怎样，你还不是被男人抛弃'，这个念头在我脑海里不断浮现，我觉得自己缺乏动力。"

"是的，我了解到你曾经减肥成功过，并谈了一场恋爱，然后失恋了。孩子，很少有那种谈一次恋爱就成功的事情发生，人们总是在相互接触中最终找到适合彼此的那个人。"我安慰她说。

"是啊，我的心理医生也是这么说的，我也想通了很多。"贝拉点点头，然后突然想起了什么："哦对了，还有一点，我的父母都有肥胖的基因。我第一次减肥成功后，没想到自己那么努力才减下去的体重，会那么容易就回来，都是基因的错，但是我不能抱怨我的父母对吗？我总是觉得，我摆脱不了那种肥胖的'宿命'。"

"当然，你应该时刻感激父母把你带到这个世界，让你能享受生活。痛苦，本身也是一种生活的体验，对吗？不要着急，我相信我可以帮你再一次战胜自己，你现在需要做的，就是把我当成你的朋友，分享你的感受。"我很喜欢这个单纯的女孩。

在和贝拉的沟通过程中，我明白了她第二次减肥失败的原因。这是因为，受失恋的影响，她把自己第一次减肥的成功也视为一种失败，当她体重恢复到减肥之前时，她的潜意识中就埋下了"失败"的种子，并给自己设置了障碍。

当她再次进行减肥计划时，她的潜意识会不断地跳出来告诉她："贝拉，你看你，就算减肥成功也一样被人抛弃，而且，你天生就是肥胖者的命。所以，你就别费力气了！"

而她第一次成功减肥的过程中，这种潜意识存在吗？并没有。所以要想再一次减肥成功，她必须战胜自己负面的潜意识，而这需要有比之前更强大的自制力，可是她没有。于是，无助的她忍不住批评自己，终于，放弃了自己。

一个洲际健美冠军曾经对我说过这样一段话："若想保持状态，唯有每天坚持训练。一旦有所松懈，肌肉变得不坚挺了或'走样'了，再想恢复回来，就需要比之前强三倍的训练量！所以对于我们这些从事健美的人，除了练就好身材以外，更重要的是保持住好身材。"

自制力也是这样，当你有强大的自制力时，它会带给你美妙的心理体验："是的，我能控制自己，一切都在我的掌握之中。我是了不起的！我是最棒的！"于是，你享受着它给予你的快乐和荣誉。

然而，缺乏自制力的你，不会有这种人生状态。真正的自制力是思维的坚定和强大，假如自制力薄弱，会给人带来恐惧感。一切事情的发展都是失控的，你的人生状态特别糟糕，你没有信心改变这种状况，你更没有办法驱除内心的无力感。这样的你，怎么可能不迷茫呢？

情绪失控也是因为自制力不够

像玻尔兹曼那位天才一样，因为情绪失控一次次想要杀死自己并且最终成功的人，可能不多见。但是，在镜头面前因为情绪失控而失态的公众人物，我们都见过。因为情绪过于激动而突然发火、大嚷大闹，甚至歇斯底里的人，可能你也是其中一个。冷静下来以后，我们会觉得羞愧："我的天啊！为什么会发生这样的事情？"

是的，重点是，这样的事情为什么会发生。你原本是"达西先生"，怎么突然变成了"罗切斯特"？丧失理智，情绪失控，根源都在自制力。没错，是自制力不够强。

当哈里斯再一次冲着"隔壁办公室那位红头发的女人"咆哮以后，他沮丧地找到我说："我把事情弄得一团乱。我已经发誓不再理会她的粗鲁无礼，可是没能忍住，我又大发雷霆了。也许这是上帝的安排，让我看到自己有多么糟糕。"

我跟他说："哈里斯，假设你现在特别需要这份收入不错的工作，而那个你口中的红头发女人，是你的领导，她心胸狭隘，很有可能因为你的无礼而裁掉你。那么，你还会发脾气吗？"

他想了想，诚恳地跟我说："不知道，可能不会吧。"

我笑了："的确，我们都不知道。但是哈里斯，从你的犹豫和思考中我们都能看出来，在那个女人面前，你并没有足够努力控制自己的情绪，其实你可以做得更好。所以也许这是上帝的安排，让你知道自己在控制情绪方面存在问题。"

事实上，我们的情绪总是倾向于绝对。情绪的出现很正常，你甚至根本意识不到。但情绪反应不一样，它不是无缘无故自然发生的，但也不是深思熟虑的结果。

举个例子，你最近疯狂迷恋的那个美女不小心洒了你一身咖啡，你的反应是什么？肯定是"没关系没关系，我擦擦就好了"，你甚至还会为有机会和她搭讪而欣喜。但假如是一个你本来就讨厌的人呢？比如哈里斯口中"那个讨厌的红头发女人"，这时候，恐怕你就不会那样友好了。

所以，事情发生的时候，出现什么样的情绪，这几乎是一种本能。但我们会有怎样的情绪反应，取决于你对结果的判断。你不必感到羞愧，这是很自然的。我们会顾虑到发泄情绪所导致的后果，并随之调整自己的情绪。情绪几乎必然会引发某种响应，但我们会适时调整反应的强度，一贯如此。

但是，这只是正常情况。非正常情况下，也就是情绪失控时，就不是这样了。你的理智告诉你，用头撞墙或者摔碎新买的漂亮杯子是不明智的，可是当自制力不够，你无法控制自己的情绪时，依然会选择这么做。

情绪会失控，是失去了什么的控制呢？自制力。情绪总是会驱使我们采取某种反应方式，尤其是那些激动的情绪。是采用过激行为，还是平静对待，这由你的自制力决定。

老实说，在我看来，偶尔情绪失控是非常容易理解的，它会让你显得可爱。我喜欢的一名女歌手夏林·玛丽·马歇尔，也就是"猫女魔力"，经常在舞台表演现场情绪失控。有一次，在一间满是小学二年级学生的教室里表演时，马歇尔感觉很不自在，再一次情绪失控，当着孩子们的面哭诉："我把自己最隐私的秘密都说出来了。生活如此艰难，一天接着一天，它只是变得越来越糟。"而一个小姑娘对此评价道："这位女士让我感到伤心。"

这些失态行为并不影响人们对她的喜爱，原本她的力量也来自某种前所未有的真诚。因为她是艺术家，是创作者，你知道的，人们对艺术家总是会有更多耐心，他们原本就和常人不一样。但你不是艺术家，不能享受这个待遇。

在我们这个文明的世界里，脾气暴躁被认为是人类较为卑劣的天性之一，人要是发脾气，就等于在人类进步的阶梯上倒退了一步。这话不是我说的，是达尔文。

如果发脾气就等于倒退了一步，那情绪失控呢？简直像是回到了原始人时代。虽然这是一种单纯到难以置信的本真状态，但，却不是值得鼓励的。因为，能不能在这个世界占上风，取决于你的自制力。

失去自制力，你会无数次放弃

在我们与这个世界的较量中，我们常常会听到类似于"我不行了""我无法再坚持下去了"这样的话。无论是在芝加哥还是在巴黎，无论是在里约还是首尔，不同地方的人会通过网络发出类似的感慨——他们在做某件事的时候撑不住了！

一位经理人因为觉得团队不够信任他，主动提交了辞呈；

一位舞蹈演员因为觉得训练条件太差，选择到餐厅当一个服务生；

一位中学生因为新出的游戏，中断了自己拿 A 的学习计划；

一位女士因为实在抵制不住美食的诱惑，放弃了自己的减肥计划；

……

是的，这些人，他们撑不住了。

从他们的角度和说话的语气来看，让他们中途放弃一件事情、一项计划的根本原因，全部是因为外部的世界、其他人、诱惑，等等，而没有从自身的角度去考虑，到底问题出在了哪里？

世界每天都在运转，太阳东升西落，你身边的人匆匆走过，没有一件事、一个人告诉你应该终止自己的计划，停止自己前进的脚步。而只是你，从这些外部的因素中寻找到理由，逃脱压力和疲惫，放松自己，问题在你自己身上。

并不是你的身体撑不住了，而是你的自制力撑不住了，我们被自己薄弱的自制力打败了。仔细想想，很多时候你放弃一项工作，其实从你内心深处并不想那样，但是你薄弱的自制力让你"举了白旗"，宣布了投降。就这样，你一次次品尝着失败的滋味。

安德森是一位有着十余年烟龄的重度吸烟者，他曾经试图戒烟，但坚持了不到一个月的时间就放弃了。最近，他每天早上被咳嗽折磨得十分难受，并且婚姻也亮起了红灯。他找到我，我们先聊了聊他的戒烟经历。

关于那次失败的经历，他是这样对我描述的："开始戒烟的第一周，我很痛苦，当烟瘾犯了的时候，我觉得自己就像热锅上的蚂蚁，我只能通过不断地嚼口香糖和喝水来转移注意力。"

"这很好，安德森。"我点点头。

"第二周，烟瘾发作的情况稍微好了一些，我尝试用工作来转移注意力，不过当我完成一项工作的时候还是很想抽上一口，你知道那种感觉吗？"

"我非常清楚那种感受。"我在想，这个人如果真如他所说的那样，也是有一定自制力的人。

"到了第三周，我感觉自己的烟瘾已经没那么严重了，或许真像有的书里写的，21天的时间可以戒掉一个习惯。"安德森喝了口咖啡继续说："但是当我觉得自己已经可以抵制住香烟的诱惑时，看到同事在舒舒服服地吸烟，我的心动摇了一下。"

"哦，是吗，你当时是怎么想的？"

"嗯，我在想，既然我已经基本上戒掉了香烟，那么我完全可以偶尔抽上一根，和同事聊聊天，让自己在压力很大的时候放松一下，反正我也戒掉它了。于是那天上午，我走到正在吸烟的同事面前，他们当然很主动地掏出香烟：'安德森，要不要来上一根？哦，对不起，我差点忘记了，你戒烟了。'"

"是的，我戒掉了。"安德森犹豫了一下，但看到同事的手想要收回香烟，他赶紧补充道："可是偶尔来上一根，和大伙儿聊聊天也未尝不可嘛！"

说完，他笑嘻嘻地接过香烟，然后点上一根，因为好久没吸烟的缘故，抽上一口差点晕过去，"那感觉可真没有当年抽烟的时候那么舒服！"

一个下午，安德森都在想着上午的那口烟，有时候觉得抽烟居然是那么让人不舒服的事，有时候又觉得自己戒烟是多么正确。但无论怎么想，他说他的意识总是在想着吸烟的事。在卫生间，他又遇到了吸烟的同事，"为什么不再一次证明吸烟是多么的难受呢？"安德森心里想着，然后这次他毫不犹豫地接过香烟，"当时感觉比上午好了一些，但还是头晕了一下。"

"那是因为香烟会杀死脑细胞。"我从医学的角度上来帮他解释，"那么后来呢，你就是这样逐渐复吸的吗？"

"差不多是这样，在那一天之后，我在工作时、休息时，脑子里总是不经意就想着吸烟的事。后来我干脆买了一盒，打算每天就抽上两三根。但是你知道，对于一个烟瘾逐渐变大的人，这根本不可能。我不停地告诫自己，只能吸几根，但是我却越吸越多。后来我也曾经试过再次戒烟，但却更加困难了，我甚至不能坚持超过一周。"安德森有些惭愧，但是我很感谢他实话实说。

"好的，安德森，不要着急，我会帮助你戒掉香烟。"我知道大多数戒烟不成功者的问题，这并不难解决。

我用了 28 天的时间，帮助安德森彻底戒掉了烟瘾，并且一直到现在他都没有再抽上一根。那是后话，现在我想做的是，跟大家分析一下他戒烟失败的原因，你会看到一个很有意思的心理过程。

安德森在戒烟的前两周，自制力在增长的过程中，达到了顶峰，这让他暂时远离了香烟。但是接下来，他的自制力出现了问题，他没有抵制住同事抽烟的诱惑，请注意，他的同事并没有主动诱惑他，而是他自己把同事手中的香烟视为一种诱惑。

当他开始复吸第一支香烟的时候，他并没有感到快乐，甚至有些难受。但是他的意识焦点发生了转变，他会经常不自觉想起吸烟的感觉，而长达

10 年的吸烟史，让他的潜意识长期沉浸在吸烟的快乐中。他的意识告诉他吸烟的害处和痛苦，而潜意识在暗示他吸烟的快乐，他的自制力在这意识和潜意识的斗争中变得极为薄弱。最后，他被自己打败了。

在安德森的故事里，有一点是很有意思的，由于自制力薄弱，他会主动把别人手里的烟当作诱惑。同样，一开始我们提到的那些人，也都是因为自制力薄弱，所以会主动把很多问题当作障碍。他们没有强大的自制力，于是一次次选择放弃、被自己打败，直至拥有迷惘而平庸的人生。

马丁的转变：从迷茫到强大

马丁是这样一个人，他做事风风火火，制订了计划之后就马上执行，但那股"热乎劲儿"持续不了多久就消失得无影无踪，这么多年来他一直无法突破这种情况，他的生活总是原地不动。对于这个结果他感到非常迷茫，却不知道问题出在哪里。

他的朋友向他推荐了我，于是他风风火火地找到了我，向我说明了他的情况。听了马丁的故事，我大概知道是怎么回事了。事实上，这类人我遇到过很多。

早在十多年前，我曾经在一所大学里做过一个简单的实验。我邀请了该大学对长跑有兴趣的人参加一项比赛，但实际上，所有的参赛者并不知道这是一项实验。这个实验或是说比赛的内容也非常简单：不限制时间，在大学的操场上进行绕圈长跑，跑得距离最远的几个人将会得到奖金和新款手机。

报名参加这项比赛的男生十分踊跃，他们来自学校的各个院系，都对自己的体能和自制力充满信心。我和助手选了不到200个人进行这项比赛，分成几组进行，在一天之内全部完成，最后，有一些小伙子高兴地拿到了奖品。

比赛结束后，我们对所有的参赛者进行了跟踪，结果和我预想的十分接近：那些坚持时间长、跑得远的人在各行各业中取得的成就，远比那些很早就退出比赛的人要强得多。在他们之中诞生了六位企业高管，三位小型公司的创始人，一位小有名气的编剧等。

所以，这更让我坚信一点：那些在同龄人中处于领先地位的人，他们既是跑得时间最长的人，也是能跑得最远的人！

后来，根据我的长跑理论，我把人们分成三类。

第一类人，他们给自己制订了一个目标，然后兴师动众地开始行动，在坚持了一段时间后，自制力开始减弱，还没完成多少工作就宣告投降。

第二类人，他们也给自己制订了目标，而且他们能保证自己每天都为这个目标做一点事，不过只是一点，虽然他们有条不紊地向前推进，但是"频率"实在是太慢了。

当然，最后第三类人，他们在制订目标之后，开始行动，既能保证计划高效地进展，又能保证自己的自制力维持在较高的水平上，他们的效能令人钦佩，做什么事都能又快又好。能够改变自己的命运和这个世界的，就是这类人。

显然，马丁属于第一类人，跑不了多久就放弃，如果一直这样下去，必将一事无成。但是对于这一类自制力相当薄弱的人，直接让他进入系统的自制力训练是不大适合的。于是，我先给了他一个很小的建议，让他按照我的方法试一试。

这是一个很小的改变，我只是让他放慢自己的节奏，在制订某一个工作目标后，从以前全速开始的状态中脱离出来，每天只用之前50%的精力去工作。打个比方，马丁打算学一门乐器，按照他之前的性格和习惯，他会在开始的时候，每天下班后拿出四个小时抱着这个乐器进行练习，而现在，我要求他只拿出两个小时进行学习，并且中间休息15～30分钟。

两个月后，马丁打来了电话，他兴奋地告诉我，他觉得自己做事比之前更有耐心，能坚持做某件事的时间更久了。我首先感谢他听取了我的建议，然后我希望他能继续按照我的方法改变自己，我相信半年之后，他能看到更加令人欣喜的改变，不论是工作还是生活。

是的，我提高了马丁的耐心，但本质上讲，是我的建议增强了他的自制力，将他从第一类人培养成第二类人。而现在，他早已经通过我为他量身定做的强训，成为了自制力出色的第三类人，内心无比强大！

虽然在这个过程中，马丁花了不少时间，但这是必要的。你试过开车的时候直接由一档加速，然后换到五档吗？可能有，但你一定不会经常那么干，因为你知道那样会对汽车造成伤害。马丁也是这样，从一个充满迷茫的人，一步步尝试，一级级突破，到现在这样实现了质的转变。

虽然我说起来很容易，但是能真正成为自制力出色的人却不简单，你需要时间练习，但你一旦拥有了它，你会发现，那是值得的。因为从此以后你做什么事，遇到什么艰难的计划，都会变得轻松很多，你将掌握成功的秘密，并将成为下一个令人羡慕的成功者。

决定自制力的因素

我曾在酒吧里遇到这样一位男士，结婚六年后他出轨了，他的妻子发现了这一点并提出了离婚，这让他陷入了极度的沮丧情绪中。我坐在他的旁边，一边喝酒，一边聊了起来。

"在出轨之前，你一直对婚姻很忠诚吗？"我很想知道这类人的想法。

"是的，不瞒你说，从恋爱开始，这七年多来，我一直深深爱着我的妻子，直到现在也是。"他痛苦地说着。

我相信他说的话："那为什么这次你没有坚持住，是因为你遇到的那个女人太漂亮了吗？"

"嗯，可以这样理解吧，这是一方面。另一方面，你知道，结婚太久总是会变得有些无聊，每天都是工作、厨房、孩子之类的事。"

我点了点头："是的，婚姻嘛，总是这样。有人说过，当你看惯了自家后院的花之后，总会觉得别人家后院的花更漂亮。"

"可不是吗，我曾经有一段时间幻想过和认识的女人约会，你可以理解吧，但另一个声音告诉我不能那样去做。"他喝了一口酒，继续说："天啊，我觉得跟你说这些话很丢人。"

"你有这样的想法也很正常，但是你不应该真去那么做啊！"

"是啊，但是当我遇到了那个女人，我的心动摇了，那个告诉我'不能那样去做'的声音越来越小，更多的声音是在说'为什么不去试试''偶尔背叛一次没有关系，再回到妻子身边就好了''如果放过这样的美女你会后悔一辈子'之类的话。"他苦笑了一下。

"嗯，很多人抵挡不了这种诱惑。"

"是啊，如果离婚，我接下来的日子该怎么过啊？！"他真的不知所措。

……

在离开酒吧的路上，我在想，为什么人们明知道背叛是错的，心里也深爱着家庭，却还是不能抵挡住诱惑呢？

从自制力的角度来说，我找到了答案。我相信那位男士在恋爱和刚结婚的时候，忠于婚姻的自制力非常强，可以抵挡任何诱惑；而在他结婚几年之后，外面的诱惑和婚姻的平淡开始冲击他的自制力，让它变得薄弱；当巨大的诱惑出现之后，他的自制力彻底崩盘了。

那么，我们的自制力都由什么决定呢？它又是怎样土崩瓦解的呢？相信下面这些因素一定会让你深有同感。

1. 对你来说真正重要的东西（The Most Important Thing）

有一次，一位女士跟我坦露心声，她特别羡慕那些能够环游世界的夫妻，而自己只能天天待在家里做家务，言语之中流露出了对丈夫和生活的不满，以及对新鲜和刺激的向往，这让我想到《廊桥遗梦》。我担心，如果这时候有一位富有魅力的男子疯狂地追求她，她的自制力很难坚持。

于是，我问她："你最重视的核心价值观是什么？换句话说，对你来说什么最重要？别着急回答我，认真想想。"深思熟虑以后她告诉我，是"安全感"。多么有意思，环游世界意味着各种冒险和不安全感，而实际上她希望要的却是安稳的生活。她说，这个问题让她重新审视了自己的生活和与丈夫的关系，她心情愉快多了。我想，这时候如果面对诱惑，她的自制力也会强多了。

2. 被剥夺的感受（The Feeling of be Deprived）

被剥夺也就是被限制，限制你远离自己内心渴望的人或事。可是，禁止会刺激我们追求的欲望。越是得不到，你内心就越渴望得到。于是，这样一来，罗密欧和朱丽叶的爱情愈加浓烈了；而正在减肥的你，会比平时更加渴望那一杯香醇美味的冰激凌。

解决的办法是不要让自己有被剥夺的感受，试着告诉自己："我正在减肥，等这周的目标完成以后，可以吃一杯冰激凌奖励自己"，比"我正在减肥，不能吃冰激凌”会让你更好过。在你对某样事物最渴望的时候，如果你能控制自己，那么撑过去以后，你会发现自己更容易控制欲望了。

3. 对可行性的判断（Feasibility Judgment）

假如你是被困在荒岛上的鲁滨逊，我相信不吃巧克力蛋糕是非常容易的事，因为你根据常识判断自己根本吃不到，所以拥有自制力也就相对轻松。可是，天天从蛋糕店门口经过的你，想要抗拒它的诱惑，就有点难度了。

你可能会深夜开车穿过几条街区只为了买一杯自己喜欢的咖啡，你也可以大半夜爬起来飞往大洋彼岸去看你想念的那个人，因为你觉得那是可行的。但假如你正在减肥，或者按我的建议正在进行自制力提高训练，就忘了你家门口的甜品店、咖啡馆和那香嫩多汁的烤牛肉吧，像在荒岛上一样规划自己的生活，忙起来，远离那些可能会刺激到你的东西。

4. 合理化和讨价还价（Rationalized and Bargain）

“多抽一支烟也死不了人”“偶尔喝杯酒不会伤害身体”“多吃一个油炸圈吧，就一个，没多少热量的”“今天晚上就多吃点吧，反正下午健身了”……在欲望面前，我们特别喜欢找借口，不断跟自己的自制力讨价还价，让那些失去自制力的行为看上去特别合理。

在内心的斗争中，赢的是欲望还是自制力，这完全取决于你能不能实现自我控制。我不是反对你过自由快乐的生活，相反，正是为了这个目的，我建议你不要频繁为自己找借口消磨自制力，更没有必要跟自己讨价还价。

5. 负面的心理和情绪（Negative Psychological and Emotion）

很多人失恋之后会大吃大喝直到把自己变成一个胖子，那是因为在吃东西的过程中他们能够产生短暂的欢愉，但理智的人不会让这种欢愉毁掉自己的身材。可是对于极度痛苦的人来说，那种欢愉是无比诱人的，因为它们被附加了额外的效果——消除痛苦，虽然只是暂时的。

和失恋一样，所有让你感到伤痛的情绪，比如绝望、愤怒、焦虑等，都会让你失去理智，你会本能地想要去寻找快乐。可是，不管是什么，某些习惯一旦形成，就会让你陷入其中不可自拔，想戒掉它们，就需要更强大的自制力。

行为管理是一门成功科学

在我上大学攻读心理学期间，我发现了一条规律：学校里那些漂亮的女生，她们大多只对身材健硕的男生有兴趣。那些橄榄球特长生们无一不是女生们追逐的对象，而像我们这种弱不禁风的"书呆子"，只能在一旁偷偷地羡慕。为了尽快摆脱这种糟糕的局面，我在学校的健身房里办了卡，准备拿出几个月的时间，让自己也拥有西尔维斯特·史泰龙那样的一身肌肉。

对于没有健身经验的人来说，我犯了一个明显的错误——太心急了。我恨不得马上就有一身倍儿棒的肌肉，然后就可以和大学里最漂亮的女生约会。第一天到了健身房，我连热身活动都没做，就开始通过健身器材练习我的肱二头肌和腹肌。这对于一个文科生来说真是一种挑战，我足足练了两个小时。

第二天，我的身上十分酸痛，但是我还是坚持去了健身房，因为人们都说："当你感到酸痛时，你的肌肉在悄悄增长。"我忍着酸痛，又投入到忘我的肌肉训练中。身边不时走过的健硕男生好像故意来刺激我似的，我猜他们心里在想："看这小子能坚持多久？"五分钟、十分钟、二十分钟……我又坚持了两个小时。晚上，我的疼痛再一次加剧了，感觉胳膊和后背都是火辣辣的疼，甚至我在睡觉时都被疼醒了好几次。想想《第一滴血》中，兰博深入敌人虎穴以一敌百的样子，我的勇气又来了。

第三天，我又开始了自己"疯狂"的肌肉训练。一分钟、两分钟、三分钟……我感到时间过得很慢，肌肉好像被点燃了一样，撕心裂肺一般的疼痛……我不行了！

医院检查结果是，我的肌肉和软组织有不同程度的损伤，医生了解了我受伤的原因后，很不留情面地教育了我一顿，认为我这样的做法是极为不科学的，我需要立即休息一段时间，等伤势彻底恢复之后才能再进行训练。

所以，自制力不是任何时候都需要的，行为管理是一门科学。我们需要持续性的成功，因此在自制力方面也要有战略性、整体性。上面这个惨痛的故事，我经常讲给学员听。我会告诉他们，真正有益于我们的自制力，是要为我们个人乃至整个社会的持续发展进步负责的。所以，为了管理自己的行为，我们的自制力需要遵循下面三个原则。

1. 先订个计划（Make a plan first）

一个好的计划可以在多个方面帮到你，它既能指引你在正确的时间做正确的事，又可以帮你戒掉一定的惰性，帮助你更好地实现目标。

如果你压根没有计划，那么，就容易陷入混乱当中。试想一下，如果我当时为自己制订了肌肉训练的科学计划，那我会在需要坚持的时候坚持，不需要坚持的时候放松，一定不会造成肌肉损伤。

2. 一步一步推进（Proceed step by step）

我那次失败的健身经历让我意识到，我没有做到循序渐进。就像锻炼肌肉一样，强大的自制力也需要循序渐进，从较小的开始，逐渐严格要求自己。

假如你现在一顿饭要吃三个汉堡、两块馅饼再加一大份冰激凌，如果一下子要求自己只吃一份蔬菜沙拉，或许你可以做到，但那对自制力来说是相当大的挑战，很难坚持下去。但如果一点点来，先从减掉一个汉堡开始，相信要容易得多。

想想看我们胖起来的那个过程。很多人一开始并不是很胖，也是不经意间一点点把胃口吃大，到后来越吃越多，越吃越胖。而反过来，当我们想要减肥的时候，你会认为少吃几天就能成为瘦人吗？显然不会，这需要一个过程，自制力也一样。

3. 别逞强（Don't flaunt your superiority）

这个世界有这样一条规律：当你逞强去做某事时，你多半会得到你最不想看到的结果。因为当你逞强去做的时候，你已经没了把握，失去了理智。就像我在肌肉已经发出酸痛信号时，还要逞强去锻炼，结果自然是出了问题。

从心理学的角度来说，当人们逞强去做某事时，他已经进入了"失控"的状态，即失去了对自我认知和行为的管理，这个时候的人是最容易出现问题的。

我有一位朋友，他曾是一名成功的商人。他跟我说，有一次在拉斯维加斯的赌场中他出现了"失控"的状态。当时他已经输得有些眼红，以至于拿到一手并不怎么样的牌时，他想都没想就压上筹码跟牌，结果一个小时内输掉了上百万美元。后来他对我说，那次经历太可怕了，他觉得自己当时已经不是自己了。经过那次失败，他再也不想踏进赌场半步。

很多时候，当你因为逞强而失去控制后，突如其来的失败会让你在很长一段时间内感到失落，甚至感到恐惧。你不太可能立马鼓起勇气重新尝试，你会陷入到"一蹶不振"的状态中。所以，无论任何事，你都要记住：你需要自制力，但不要逞强。

每当我讲完那次失败的经历，总会有学员在底下好奇地问我："你有没有继续锻炼肌肉呢？"当我明确回答他们"是的，我后来继续锻炼了"之后，他们一般总会接着问："你有没有在大学时谈上恋爱呢？"

这是个秘密。

而你们现在需要记住的，就是我在上面提到的三个原则。

◇有效练习 1　扫雷：发现你的自制力障碍

1966 年，斯坦福大学心理学教授沃尔特·米歇尔 (Walter Mischel) 做过一个著名的实验，他找了 653 名幼儿园小朋友，把他们都带去斯坦福大学附属托儿所的行为观察室，让孩子们从曲奇、巧克力、饼干棒、棉花糖等糖果里面挑一个自己最喜欢的，随便挑，但挑完以后不能吃，可以先拿着，等 15 分钟以后，实验工作人员回来了再吃。如果能做到，就可以再奖励一块糖果。如果做不到，就没有奖励。

然后，教授躲在外面观看孩子们的表现，有的等工作人员刚刚离开马上就吃掉了；有的四下张望以后偷偷咬了一口；有的等了一会儿就不耐烦地吃掉了……最终，大部分孩子吃掉了他们手里的糖果，只有 30% 的孩子控制住了自己，等待了这可能是迄今为止他们人生中最漫长的 15 分钟。

1981 年，这些孩子已经读高中了，米歇尔又逐一联系到了这 653 名小朋友，请他们的父母、老师帮忙完成调查问卷，然后对这些孩子在学习成绩、处理问题的能力以及与同学的关系等方面进行分析。米歇尔发现，当年，马上吃掉糖果的孩子不仅 SAT（学术能力评估测试）成绩分数较低，而且更容易出现行为上的问题。而那些可以等上15分钟吃到两块糖果的孩子，成绩更高，与同学的关系也更加融洽。

这个实验还没有结束，米歇尔和他的团队还在进一步研究。但基本上我们可以确定，那些能够控制自己晚一会儿再吃糖果的孩子，人生更成功。那么，你是哪种孩子呢？是马上吃掉糖果，还是试图偷偷咬一口而不被人发现，还是想尽办法转移注意力不去吃糖果？

想知道结果，我们就来测试一下吧，过程很简单。

Step 1　情景重现（Recall）

你只需要找一个足够安静、不被打扰的空间躺下来。让你躺下来的原因在于，当全身都放松下来时，可以更加集中精力去思考。躺下来以后，试着进入冥想状态，回忆自己最近一个月的表现，在脑子里像看电影一样重现自己的行为。

之所以要以一个月为周期，是因为在短时期内我们通常都能表现出较强的自制力。所以如果周期太短，不足以表现出自制力的真实水平。

Step 2　行为分析（Analyze）

我想你应该知道哪些行为是有自制力的，而哪些是没有自制力的。比如，你原计划每天晚上读十页的书放在床头半个月了都还没翻过；你难以忍受电影中那冗长的对白而忍不住总去快进；你非常容易受到别人和其他事情的影响，总是情绪波动比较大；你的注意力很容易被各种干扰所转移……

如果在你想要做的事情中，有超过三分之一没有做或者没能坚持下来，或者上述现象频繁出现，那么你可能已经存在严重的自制力障碍。

Step 3 找出根源（Source）

想想看，是什么导致你的自制力一再投降。每一次想要放弃的时候，心里在想什么。

我听到的原因五花八门。

"我总是跟自己发誓，下一次一定做到。"这类人是在给自己虚假的希望和安慰。

"我会幻想自己已经做到了，那时候人生将是多么美好，以此缓解因为放弃带来的沮丧。"这类人是自我催眠型，不肯正视事实。

"以后的事情以后再说吧，我现在要活得痛痛快快，这才是第一位的。"这种人是极端的享乐主义者。

"我失恋了，有理由纵容自己。"这种心态出于补偿心理。

……

我让学员这么做，是想让他们弄明白自己当时的想法，找出背后的心理机制，这有助于我帮他们制订有针对性的自制力训练课程。而你自己，通过这个练习，也能认清自己和自己的自制力，帮你在以后的生活中更有效地控制自己的行为。

第二章

打败干扰，从拖延和懒惰中走出来

承认吧，你就是自制力很差

在我们开始改变自己的自制力之前，我们首先要做一件事：接受自制力差的自己。

根据我的观察，很多人在自制力方面出现的问题，很大程度上是因为没有对自己的自制力水平做出正确的认识。他们完全不把自己归为自制力差的人。

马丁内兹就是这样的一个人，他是一名中层管理者，他所在的公司为他报名参加了我的课程。他给我的最初印象是总是很自信，当我们聊起自制力的话题时，他对我说："哈，我觉得自己的自制力还不错，只不过有些事分散了我的精力。"

"真的是这样吗？"我问他。

"当然，你不要生气，说句实话，要不是我的领导给我报了名，还不断催我来接受培训，我根本不会来到这里。"

"那好吧，你的自制力到底怎样，我们来做个简单的测试。"我递给了他打印好的"自制力水平测评"，"你只需要在每道题的下面做出选择，不用关心结果，只需做到诚实即可。"

"没问题！"马丁内兹笑嘻嘻地开始一边思考一边开始做测试。

十分钟后，他把做完的测评交给了我。我帮他计算了他的分值，得出了结果——他处于"拖延患者"这一水平。我心里想，看来他所在的公司既看重了他的潜力，又觉得他做事风格上存在问题，所以才把他送到我这里接受培训。

"马丁内兹，你的测评结果是你的自制力水平处于中下等级……属于薄弱的那一类。"我想，他肯定无法立刻接受这样的结果。

果然，他差点跳起来，激动地说："那不可能！我坚信我的自制力是公司最出色的，要不我怎么能这么年轻就坐到了现在的位子！"

"不，我想，在过去的时间里，帮助你取得成功的重要原因不是自制力，或许是你的才华、知识、自信心，等等，但不是自制力。"我耐心地对他讲，"不管怎样，我看过你的简历，我觉得你应该有更广阔的发展空间。但前提是，你必须提高你的自制力，它会帮你实现更宏伟的目标。你不想这样吗？"

"是的，我想，我的人生态度非常积极。但是，你就凭那两张纸对我的自制力做出判断，这样科学吗？"他的话就好像我侮辱了他一样。

我不理会他的态度，反过来问他："马丁内兹，现在请你想一下，你的领导喜欢给你规定任务完成的时间，并经常催促你，对吗？"

我的问题让他愣了一下，他想了想说："有时候是这样的，这能说明什么，领导总是喜欢那样着急。"

"OK，你再想想，最近一次你和你的妻子吵架的原因是什么？"

"好，让我想想"，他低着头沉思了一下，很不情愿地说："圣诞节前，我们计划去看几所房子，但是我因为那个时候比较忙，就一直没有看成。前些日子，房产经纪人打来电话说我们想看的房子卖出去了，她因为这个事和我大吵大闹，就好像我根本不想着这个事似的。不过……这和自制力有什么关系？"

"是这样的，马丁内兹，我必须一针见血地指出，你在做事方面存在拖延的问题。请恕我直言，你的领导对你的效率并不放心，所以才会经常催促你。而你和妻子吵架的原因也是因为你没有及时带她去看房子，说明你在生活中也习惯于拖延，我说得没错吧？"

"或许……有那么一点吧。"他不好意思地承认了，"不过你知道，有些时候事情总是安排不过来。"

"错，那是借口。我相信你的领导给你留出了充足的任务完成时间，你的妻子也耐心等待过，但是，你还是不能让他们放心。正因为你的拖延习惯，别人才会不停地教促你，或者和你发生不愉快，最终的结果是什么？你将会失去身边所有人的信任。"

我的话让马丁内兹开始紧张起来，他低着头若有所思，然后抬起头问我："你可以帮助我改掉拖延吗？"

"是的，'拖延症患者'的主要特点之一，就是自制力不够强大，进而失去自律性。所以，如果你想修复自己在别人心中的形象，重新赢得信任，我希望可以帮到你，但我需要你的配合。"

"好吧，不管怎样，我愿意尝试改变。"马丁内兹深深地点了点头。

在接下来几个月的时间内，我们帮助马丁内兹彻底提高了自制力水平，他的工作和生活也朝好的方向发生了改变。

　　这件事的重点并不在于我是如何帮助马丁内兹实现改变的，重点在于，很多人高估了自己的自制力水平。如果人们不能清楚地意识到自己薄弱的自制力，那么改变起来会变得很困难。

　　想一想是不是这样：当你认为你胖了，你才会下定决心去减肥；当你认为你很贫穷，你才会下点工夫去努力赚钱；当你认为你的学历还很差，你才会主动地报名参加函授课程……

　　相反，如果这些人这样表达，你觉得他们还会做出正确的行动吗？

　　"我觉得自己不胖啊，只不过最近吃得有点多，过两天吃少点就会瘦下去。"

　　"我认为自己还不错，只不过最近财运一般，等一等就会好转。"

　　"我认为自己学得已经很多了，只不过领导现在比较糊涂，太看重学历。"

　　显然不会，因为人们这样说，就表示他们不接受自己的缺点或问题，他们就不会去改变自己。同样的道理，只有你接受了"自制力差的自己"，你才会从意识和潜意识中去寻求改变，渴望改变。否则，你即使再下工夫培养自制力，也是浪费时间。

关于干扰的好消息

　　自制力薄弱的人，专注力通常也会很差，特别容易被干扰。比如他正在按照计划做某件重要的事情，可是，外界嘈杂的声音、别人热情洋溢的电话、电脑上弹出来的新闻和广告等，都会对他产生巨大的干扰或诱惑，使他无法保持专注性。

　　我相信很多人都有过类似的经历：手上有重要的工作要做，你也承诺在今天下班前完成。但是上午的时候，坐在你旁边的女士频繁地打业务电话，尽管你不想去管别人的事，但是她说话的内容却不断传进你的耳朵里，"她在说什么呢？"你的思维被她不断干扰着，工作的进度被耽搁了。

　　而到了下午，你在心里告诉自己一定要抓紧时间，但是电脑和手机上朋友发的搞笑图片和一到下午就会产生的困倦感，让你劝自己"我要不要聊会儿天放松一下，让困意消除了再全速完成工作"。你开始噼里啪啦地和朋友聊个痛快，等聊得差不多了，一看时间，天啊，还有一个多小时就下班了！

　　于是，你只有两个选择：按时交差，但工作质量不能保证；向领导申请，晚上加班完成。

这两个选择对于领导来说，都是不希望看到的情况，是你自己的原因，造成了这种情况的发生。沮丧的你会抱怨："干扰我工作的原因太多了，我也不想这样啊。"

你的抱怨或许可以理解，我相信你也不想这样，但事实却这样发生了。人们向我诉说这种痛苦，他们希望我能够帮助他们提高自制力来抵抗干扰和诱惑，能够让自己专注地按照计划去做事情。

好消息是，我的确有办法。关于怎样应对干扰，我向他们传授了一种技巧，使用这个技巧，很多人在很短的时间内就发生了改变。

这个技巧并非是我原创，而是我早些年前从朋友艾伯顿那里学来的。在我告诉你这个技巧之前，我想先说说那段经历，因为还真挺有意思的。

我的朋友艾伯顿是一位射击教练，有一天我开车恰好路过他所在的训练场，我在想，为什么不去看看老朋友是如何训练选手的呢？

我到了射击场里，正好艾伯顿在那里指挥运动员们进行训练。好久没见，他给了我一个热情的拥抱。因为要参加比赛的缘故，我不太好意思打断他的训练，就在一旁安静地看着。那些射击运动员们可真是神奇，拿起手枪，瞄准把心，保持平稳，深呼吸，然后扣动扳机，显示器上立刻出现了成绩，9.5环、9.7环、10环……太棒了！

除了枪响击中靶心的声音，训练场安静得连一根针掉在地上都能听到。我在一边默默地看着，连大气都不敢出，生怕影响选手的训练。

过了一会儿，训练暂时告一段落，艾伯顿走了过来坐在我旁边，我们聊了一会儿"家常"，然后艾伯顿问我："怎么样，是不是觉得这种训练有点枯燥？"我说："当然不是，我还是第一次这么近距离观看射击运动

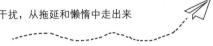

员的训练呢。那个棕色头发的女孩打得真不错啊！"

"是啊，莉莎是我这批队员里最出色的，她的稳定性很好，抗干扰能力很强。她已经拿到过洲际冠军了，当然，我们的其他队员也非常不错。"艾伯顿自豪地说。

"哦？她们是如何做到这一点的？能够这样心无旁骛地进行射击训练？"

"哈，等一下你就明白了，一会你就觉得没那么枯燥了。"艾伯顿起身，走到训练场中央，然后招呼运动员们开始准备下一节的训练。

当运动员们各就各位准备好之后，艾伯顿做了一个令我出乎意料的举动，他找出一个遥控器，按了一下，运动员对面靶心上方的大屏幕立刻亮了起来，里面开始播放音乐剧，而且喇叭发出的声音也十分响亮，难道他要和运动员们开派对吗？

在动感的音乐声中，运动员们重新开始投入到训练之中。他们好像丝毫没有因为这种干扰而分散注意力，依次举起手枪，瞄准把心，深呼吸，保持平稳，然后扣动扳机。显示器上的成绩依旧出色：9.5 环、10 环、9.6 环……

没多久，音乐剧又换成了电影片段，这种训练真是太有意思了。我突然意识到：艾伯顿是通过各种干扰来对运动员进行训练的。

在训练结束后，艾伯顿向我解释道："射击运动员最大的要求就是保持稳定性，不能被场外一丝干扰所影响。我的一个队员曾经就因为场外观众的声音太大而出现了失误。所以我采用了这种方式对队员们进行训练，一开始他们并不适应，总是分心，但现在，即使对面'着火'了，他们也能专注地瞄准。"

听完，我朝他竖起了大拇指。

这就是那段有意思的经历，我在开车离开训练场的路上，不断思考着艾伯顿的话。用来对抗外界干扰的最有效的训练方法，就是让自己置身于强烈的干扰下，长期锻炼，就能做到不受干扰。

比如你是一名大学生，你的注意力总是不能集中。那么你可以这样训练自己，在环境最嘈杂的地方学习。我相信你起初会感到十分困难，但是当你坚持数日之后，你的自制力水平就会逐渐增强，不会轻易受到外界的影响了，你会发现，自己坐在哪里都能学习得很好。

你会发现从那些居住环境恶劣、家庭成员众多的黑人居住区走出来的、喜欢学习的孩子，往往比那些生活条件优越的白人小孩注意力更集中。一方面是因为他们更珍惜学习的机会；另一方面，恶劣嘈杂的环境，把他们的自制力锻炼得比同龄人更出色。

很多人总是想着"我应该拿自制力去抵抗外界的干扰"，但事实上，最好的效果是用外界的干扰来锻炼自己的自制力，当你扭转了这个思维进行训练之后，你会发现自己做起事来会更专注。

给自己建立"制约机制"

我见过很多自制力薄弱的人，和他们交谈，就好像在和两个人对话一样。

一个是他们自己，另一个是他们随身携带的一位"辩护律师"，你看不见，但却总能听到律师的辩护词。

"是的，我没有坚持减肥。"一位女士这样说，她的"辩护律师"会补充道："（我的当事人）最近工作压力实在太大了，根本顾不上减肥啊。"

"我努力过，但是我还是放弃了。"一位经理低着头说，他的"辩护律师"马上替他解释："（我的当事人）在过去半年时间里，确实付出了很多努力，但是放弃也是不得已的。"

"是的，我没有接受那个俱乐部的训练计划。"一位球员这样说，他的"辩护律师"马上替他辩解："顶级联赛可不是随便就能上场的，（我的当事人）还不如在差一点的联赛中打上主力位置呢。"

你看到，这些隐形的"辩护律师"，就在你说话的同时出现在你的身边，他们替你辩解，把你的主动放弃解释得合情合理，于是，从心理上，你逃脱了"罪恶感"，成功地维护了尊严。

我相信，你和所有的人都一样，在心理上不愿背负任何的"罪恶感"。很多人因为自制力的薄弱而中途放弃过努力，但是大部分的人自尊心很强，不愿意承认自己犯了错，于是，"辩护律师"出现了，成为帮自己开脱罪名的"最佳人选"。

于是，你的自制力依然薄弱，永远得不到提升，因为，你有"辩护律师"，你根本不需要改变！

我的侄子曾经就是这样。他尝试过很多工作，但没有一次能成功地坚持做下来！一次家庭聚餐时，当有人问起他为什么不固定一份工作时，我听到了他的"辩护律师"极为慷慨的陈词：

"不不不，一个不能让员工按时下班的广告公司，根本就不值得去工作"；

"虽然那家IT公司待遇不错，但是我觉得他们并不想提升我做主管"；

"你要是我的话，也不会继续在这家大型设备公司工作，上班实在太远了"；

"我真不知道那家电视台是怎么想的，居然让我从实习记者做起"；

……

他的旁边，真是站着一位巧舌如簧的"辩护律师"，在维护着他强烈的自尊心！

他说得如此自然、如此肯定，好像发自肺腑那样。而我也深深地知道，他所讲述的一切，例如那些不公平的遭遇，都是他内心真实的想法，而非胡编出来应付在场的每个人。

但是，这些真实的想法，在我看来，无非还是那位帮他逃脱罪名的"辩护律师"努力工作的结果。如果没有"辩护律师"，他的问题将会显露无遗，一切的失败都会归罪于他自己，他会欣然接受吗？当然不。

我真想大声反驳他的那位"辩护律师"：

"加班是再正常不过的事情，为什么只有你不能坚持？"

"如果你想成为主管，你先要学会像一个主管那样珍惜工作，为什么你做不到？"

"上班的远近，不是你放弃一份有前途的工作的正当理由，为什么你把它当作理由？"

"很多从事高级工作的专家，一开始都是从底层做起，并干了很多年，为什么你不能接受？"

但是我并没有那样做，因为在众人面前，那样说话会让他的自尊心遭受严重的打击。我和他约了个时间一起钓鱼，我们坐在湖边，一边等着鱼上钩，一边聊天。

时机合适的时候，我对他说："孩子，我有一位老朋友，他的公司现在正在招聘，待遇还算不错。"

"哦，是吗？"他表现出浓厚的兴趣。

"是的，不过这份工作并不轻松，需要经常加班，而且离你住的地方也不近，工作两年之后可能会有升职的机会。这是一份有挑战的工作。他问我是否有合适的人时，我很犹豫，我不知道你能不能胜任。"

"您认为我真的不能坚持下来吗？"他强烈的自尊心表现了出来，"那就麻烦您帮我问一下我能否参加面试，其实，我很喜欢接受挑战。"

"好样的，孩子，我希望从我的朋友那里传来你的好消息！"我微笑着说，"看，鱼上钩了！"

就是这样，我介绍侄子进了朋友的公司，我同时要求我的朋友对他"苛刻"一些。直到今天，几年过去了，他已经在那家公司升了三级，成为公司里重要的一员。

为什么我知道我这样做，他一定能坚持下来呢？这是因为一旦他中途放弃，他会在我面前颜面尽失，对于一个之前善于让"辩护律师"维护尊严的人，这一点他肯定无法接受。要么他一辈子成为我的"笑柄"，要么低着头咬牙坚持下去，只有这两个选择。

所以，对于习惯通过"辩护律师"来掩盖自己薄弱自制力的人来说，提高自制力的有效方式，是让自己根本无法派出"辩护律师"来，即形成"制约机制"。也就是说，他给我的承诺，在制约着他自己，这是个事实。

对于自尊心强但自制力薄弱的人来说，帮助自己找到"制约机制"是一件值得去做的事。例如，对于想要减肥的女性来说，你能找到的"制约机制"有哪些？至少我知道一位女士，成功地做到了。

她把自己的减肥目标设定出来，然后把适合现在穿的、肥大的衣服通通送给了朋友，并向朋友承诺："除了我今天穿的，我现在衣柜里的、最近和未来买的衣服，都是我减肥成功后才能穿进去的！"

当她做出承诺并付诸行动后，她的"制约机制"形成了：对朋友的承诺和手上衣服的尺码。于是，每当她想放弃减肥时，她发现，"辩护律师"不再出现了。

那么，你呢？如果你薄弱的自制力还在被"辩护律师"所保护着，可你又真心想要改变的话，试试建立"制约机制"吧。

马上就会见效！

不找借口

一个残酷的事实：当你开始寻找借口时，你的自制力就已经开始减弱了，并且远比你增强自制力的速度要快得多。

正如前面提到的那样，在你寻找借口的过程中，你的潜意识就已经在帮助你逃避。逃避即将要付出的各种辛苦和遇到的困难，让你可以更"轻松"地抛弃计划，终止行动。

你看过马戏团里的大象吗？反正我看过。你有没有想过，一只野生的大象怎么可能服服帖帖地待在马戏团的棚子里，人们是怎么驯服它的？

这个道理我在一本书上看到过。当大象还是一只小象的时候，它被卖到马戏团，它被驯服的命运就开始了。驯兽师用绳索把它捆在树的旁边，作为小象，它的力量还很小，所以无论怎样挣脱，都无法拉断绳索。第一天、第二天、第三天……小象还在使劲摆脱绳索，但是几周、几个月过去后，当它发现自己根本无法摆脱它的时候，它便不再花力气了。它再也不会去想这件事了。于是，当它长成一只雄壮的成年大象后，即使它有足够的力气挣脱那根绳索，它也不会去那么做了！它被彻底地驯服在那里。

借口就像一条绳索，牢牢地拴在你的腿上。当你应该依靠自制力去战胜困难改变命运的时候，那条"借口绳索"便会牢牢拖住你，让你迈不开步；当你长期找借口放纵自己的时候，你就像那只小象，彻底被一根绳索驯服。

"今天天气不好，我还是不要去锻炼了"；

"算了吧，我还是太笨，学门外语对我来说太难"；

"我知道我的效率不高，但是同事们的效率也高不到哪儿去"；

"我父亲吸烟那么多年了，身体也很健康，所以我根本不需要戒烟"；

"好了，请不要再责怪我了，比赛前一晚酒店的枕头实在太不舒服了"；

"最近我的应酬太多，所以没法回家陪你和孩子"；

……

要知道，一个习惯找借口的人，会在生活的多个方面寻找借口，所以他们才会一事无成。无论是人际、事业、知识还是财富，都很难令自己满意。你希望自己变成那样的人吗？让借口填满你的生活，束缚你的脚步，这是你愿意看到的吗？

如果你不想那样，你应该怎么做？

剪断那根"借口绳索"，让它彻底从你的生活中消失。为了做到这一点，我给每个人提供了三个练习建议。

1."这是我的问题"（"That's My Mistake"）

习惯于找借口为自己开脱的人，在潜意识中是害怕自己"背负罪名"

的。所以，如果你想戒掉借口，那么你必须要有勇气去接受自己的问题，承认自己的错误。例如下一回，当你因为自己的惰性而没有兑现给别人的承诺时，请你主动去说"这是我的问题""对不起，这是我的错"，等等。

这样做有两个好处：首先，本来对你失望的对方，会因为你主动认错而在心里适当原谅你，有利于人际关系的维护；其次，当你下回惰性发作的时候，想一想那种低头认错的尴尬吧，你就会有所克制，有利于自制力的培养。

2. 停止使用"但是"（Stop Using "But"）

我听过太多的借口，这些借口五花八门，但都有一个相似的特点：前半句在陈述事实，后半句在找借口，中间用"但是"连接，听着是那么的自然。"我计划昨天就写完那一部分，但是，我实在太累了""我本来今天想办这件事的，但是，路太难走了""我想过这两天给你打电话的，但是，一忙我就忘了"……

你需要努力让自己停止使用"但是"这个词，而一旦你忘记了这条原则，让"但是"脱口而出的话，那么请在后面用"这是我的问题"来修正自己吧，"我计划昨天就写那一部分，但是，我没有做到，这是我的问题"。

3. "加倍偿还"（"Pay Double"）

"加倍偿还"是这样一个练习，非常简单，但很多人都表示这个方式很奏效。例如按照计划，你今天应该长跑半个小时，但是你没有去，不仅如此，当别人问起你为什么没有去的时候，你不小心找了借口。没有关系，你只需要强迫自己明天跑上一个小时，"加倍偿还"给自己就可以。

在工作中，可以"加倍偿还"你的工作，把第二天排得满满当当；在学习中，你也可以"加倍偿还"你的学习计划，让第二天的学习量加倍。总之，你都可以通过这种方式来帮助你逐渐脱离借口。

而且，你"加倍偿还"的都是对你自己有利的事物，又能锻炼你的自制力，何乐而不为呢？

以上是帮你砍断"借口绳索"的三个建议，想象一下，当你发生了改变，不再寻找任何为自己开脱的借口后，你的生活会怎样？你的自制力会逐步提高，比以前做起事来更持久，更有耐心。最重要的是，你会成为一个任何人都信赖和欢迎的人。这种感觉很棒，不是吗？

一位牧师曾经说过这样一句话："上帝喜欢努力的人，但十分反感努力找借口的人。"我把这句话写在自己的记事本里，时常翻开看看提醒自己。我希望你也能这样。

你在给自己"心理许可"吗

值得注意的是，还有一种情况，和借口有些相似，就是"心理许可（Psychology Permission）"。这也是一种极为微妙的心理，束缚着人们的自制力水平。

原本，你应该支配你的自制力为你服务，帮助你完成各种任务。但是，有些时候，你会给它发放"心理许可"，让它暂时"冬眠"一会儿。这个时候，你就开始失去自制力了。

比如血脂很高的你，医生让你在治疗的这段时间内以素食为主，不能吃甜食。你坚持了几天之后，某一天坐在咖啡馆里准备喝杯黑咖啡看看书，但是旁边桌子的客人正在美滋滋地吃着芝士蛋糕。这个时候，你的"心理许可"启动了。

你会对自己说："偶尔吃一点点应该不会有什么问题，况且，也好久没吃了嘛。"然后，你的"心理许可"开始生效，而同时，自制力则在一边"睡觉"。马上，你和旁边桌的客人一样，美滋滋地享受盘中的甜点了。

最要命的是，你第一次"许可"了自己以后，一定会发生第二次、第三次。因为你的潜意识里认为既然第一次破例是合情合理的，为什么不多来上几次呢?

　　这时候,你的行为就像一个盗窃犯。首先你明明知道盗窃是一种犯罪,但是你被贪婪的欲望所蒙蔽住,你开始尝试犯罪。在你第一次得手后,你会收敛吗? 你会这样想: "既然我第一次犯罪没有被发现,没有被惩罚,那不如再做几次案吧。"于是接下来,你又开始肆无忌惮地进行犯罪活动,你的频率会越来越高,胆子会越来越大!

　　但是,你会永远不落入法网吗? 或是说,你不断地使用"心理许可",到最后你又能得到什么呢?

　　你很难得到自己想要的好结果。

　　人们产生这种"心理许可"的主要原因来自于外界事物的诱惑,正如ABC电视台已故总裁古德森所说的那样: "那些表面上看似美好的事物中,往往蕴藏着让你后悔的毒药,所以你必须有一双'火眼金睛'。"

　　那些外界的诱惑,就是蒙蔽你自制力的毒药,如果你不想因为这种默认的"许可"而降低自己的自制力水准,让自己变得毫无自制力,那么你最好从根本上切断诱惑源。

　　首先,你应该找到诱惑源。正如有的人喜欢美女,有的人喜欢金钱那样,每个人的诱惑点是不同的。列个单子,把经常吸引你的,让你开出"心理许可"的那些事物写下来,你自然心里就有了数。

　　我罗列一下大家所写的关于自己的诱惑源,可真是五花八门:

　　☆ 社交网络

　　☆ 橄榄球赛

　　☆ 娱乐新闻

☆ 网络游戏

☆ 电视剧集

☆ 烤肉

☆ 巧克力

☆ 赌博

☆ 购物网站

☆ 促销信息

☆ 闲聊

……

不知道让你"牵肠挂肚"的诱惑都有哪些？不过，不管是哪种诱惑，我们都会用接下来的方式来帮助你停止派发"心理许可"，我把这种方式称之为——隔绝。

隔绝的原理在于将你和诱惑源之间设置一圈屏障，因为这种屏障的存在，你会无法正常接触到诱惑源，从而帮你实现专心地做自己应该做的事。

比如，我的一位朋友米兰达最近遇到了麻烦。她是一家广告公司的平面设计师，也曾经帮我做过一些印刷品上的设计，我们因此而认识。最近她被投诉设计稿又慢又差劲，米兰达知道，自己水准下降的原因是迷上了社交网络，无论是工作还是休息，她都愿意拿出手机写点什么，或和网上的好友交流互动，这占用了她相当多的时间和精力。

特别是在工作的时候，她脑子里一走神想到什么时，就会给自己发放"心理许可"，拿出手机低着头登陆社交网络写点东西，然后顺便看看朋友们都在说什么，并及时回复别人的留言和评论。但是当客户再一次向公司表达不满时，领导的脸色变得非常难看，米兰达的压力顿时大了起来。她尝试着删除手机上社交网络，但是没过半天，就控制不住自己重新安装了回来。

这个时候，米兰达想起了我，并给我打了电话寻求帮助。在我了解完所有的情况后，我让她等我一会儿——我需要帮助她找到隔绝的办法。

过了 15 分钟，我给她回了电话："我帮你想了个办法，不过，我需要得到你的信任和准许。"

"完全没有问题，我信任你，现在只要能帮我戒掉这个瘾就行！"电话那边，米兰达很着急地说。

"好的，请把你社交网络的账号和密码发给我，我不会擅自注销你的账户，我知道那也是你的'劳动成果'啊。但是我会修改你的密码，并暂时对新密码保密，在你觉得自己走出了这个艰难的时期后，我会帮你修改回你的原密码。你看这样做可以吗？"

电话那端停顿了几秒钟，她一定是在做艰难的挣扎，然后米兰达说："我这就发邮件，把账号和密码给你。"

几分钟后，我果然收到了她的邮件。在这之后，我可以想象到，米兰达每次不自觉地拿出手机想要登陆社交网络时，会突然想起自己并不知道新的密码是什么，用不了几天，她就会放弃念头，"心理许可"自然不会再出现了，她可以专注地工作了。

几个月后，她心情不错地给我打了电话，我把密码帮她调整回了原来的。她跟我说，自己一定能够在工作的时间保持专注。我相信，她可以。我相信，如果愿意，你也可以。

跳出舒适区域

在我大学刚刚毕业的时候，我面临一个选择，要不要去国外工作一段时间。如果去，意味着什么呢？意味着很长时间内，我将会失去和父母家人相聚的机会；这也意味着，我和本地的朋友的关系可能会逐渐疏远，不可能经常见面；同时也意味着，我将会到一个陌生的地方，结交新的人，开始新的生活，他们会不会不喜欢我？

总之，我会失去我之前建立的人际关系，一个人到另一个陌生的国度开始生活，我无法想象那会有多么无趣和寂寞。这并不像是旅游，而是工作，你需要在一个陌生的环境下工作，你可以想象吧。

这让我感到恐惧，我幻想着自己独自走在陌生的城市里，生病的时候，身边连个朋友都没有，这得有多么糟糕。而且，我还要适应当地人说话的方式和生活的习惯。

但是我还是做出了选择，我把这次经历视作一次机会。离出发的时间越近，我越是恐惧，我相信你也能理解我的感受。当飞机起飞的刹那，我反而变得踏实了，因为我知道自己已经踏出了这一步，剩下的就是坚持下去。

还好我在出发之前，就已经把自己可能遇到的各种糟糕情况都想了一遍，然后，我很快就适应了那里的生活。工作逐渐步入了正轨，我和家人、朋友的联系也可以通过网络来实现，慢慢地，我有了新的朋友，我并不感觉孤单和寂寞了。

随着时间的推移，我开始慢慢喜欢上了那个地方，发现了很多新的乐趣。中间我利用假期回家和父母朋友相聚，带给他们当地的特产。是的，我已经完全适应了那里的生活，并把工作做得令人满意。

两年时间过去了，我甚至对那里有些恋恋不舍，当我走下飞机，我甚至还有些失落。

不过好消息是，这两年的境外工作经历，让我得到了升职的机会，增长了不少阅历，锻炼了自己的能力，还结交了不少新的朋友。再想想当时自己度日如年恐惧的样子，我甚至觉得自己有些好笑。

现在想想，这段经历给我的一个重要启示是：改变会带来恐惧，而一旦克服恐惧，让改变变成现实，将会逐渐适应它并发现它的价值。

我一直生活的圈子就像一个"舒适区"，既有温暖又有快乐，但是我知道，离开这个"舒适区"到外面工作两年，对我的人生和事业更有帮助，我必须克服这种恐惧，去改变和适应。

多年之后，在我进行自制力方面研究的过程中，我逐渐发现人们的心中，都有一个"舒适区"。大多数人的心理承受力和自制力都在这个"舒适区"的范围内，一旦要让自己走出这个"舒适区"，他们就会感到恐惧，就像我当年离开家时的那种恐惧感。

从另一个角度来讲，你自制力的强弱决定了"舒适区"的范围。有的人觉得自己连续跑步一个小时后就浑身不舒服，"跑一个小时"是他的"舒适区"边缘；而有的人连续跑两个小时也不觉得累，他或许还远未到达"舒适区"的边际呢。

试想一下，如果我们逃离了目前的"舒适区"，扩大它的范围，让自己能够承受更多的压力和艰辛，我们的自制力就会得到锻炼，从而达到新的高度。

这个过程就好像你之前只能慢跑 1000 米，超过 1000 米你就会头晕恶心，那么现在，你需要扩大你慢跑的范围，你要朝着 2000 米的目标而努力。当你连续跑 2000 米都不会感到痛苦时，1000 米对你来说还算得了什么。在从 1000 米扩展到 2000 米的过程中，你的肌肉、运动能力并没有发生太大的改变，而发生改变的，是你的自制力，它变强了！

但需要指出的是，脱离原有的"舒适区"之后，你会被新一层次的"舒适区"所限制，如果你想让自制力再提升的话，你必须再次突破新的"舒适区"。你会问，那不就没有止境了吗？

不，当你拥有充分的自制力时，对你来说，你将不受到任何"舒适区"的限制。当然，请不要着急，我们先来一起脱离目前的"舒适区"吧，学习并逐渐掌握这种自制力不断变强的感觉，真是太美妙了。

你需要怎么脱离目前的"舒适区"呢？你需要对自己提高要求，然后逐渐脱离！

首先你要反复在心里对自己说"我可以连续跑 2000 米""我可以连续工作 6 个小时""我可以这个月只花 1000 块钱"等扩大"舒适区"范围的语言。在潜意识中帮助自己形成强大的心理暗示，这样能够帮助你减少行动时的心理负担。

然而你并不需要马上实现你的目标，这就像练习跳远，在你最多只能跳出 3 米的时候，你会想着第二天跳到 6 米吗？显然只有笨蛋才会那么想。但是你可以让自己朝着 3.5 米的距离努力。

你的下一步行动可以是努力让自己做到"连续跑 1200 米""连续工作 4 个小时""这个月只花 1500 块钱"，等等，然后为着这个阶段目标而努力，当你达到了阶段目标之后，再继续努力，你终将实现"舒适区"的大幅跨越。

最后要说的是，这个练习的目的是让你脱离目前的"舒适区"，增强你的自制力，而并非去挑战人类的极限，所以你的目标暂时不能太过夸张。曾经有个人找到我说："我想训练出最强大的自制力，让自己掌握 50 种语言。"我对这个人的回答是："我可以帮你提高自制力，但是我无法帮你扩大脑容量，所以，我恐怕无法帮你实现你的目标。"

我想用一句话结束这一部分的内容："你想要做好的每件事，都刚好在你的舒适范围之外。"这句话出自罗伯特·艾伦——《一分钟百万富翁》的合著者之口。

告别对"明天"的依赖

关于大家对"明天"的依赖，在课堂上我听得太多了，人们为"能拖一会儿是一会儿"找了各种借口：

一位来自密歇根州的女士说："我总是觉得明天能卖出更多的产品。"

一位来自芝加哥的设计师说："我也有这种感觉，我总觉得明天会更有灵感，但好像没有。"

还有一位来自犹他州的教师说："我总希望明天我能做点什么有意义的事，而不是现在这样一天天地重复下去。"

她说完这句话之后，另一位来自曼哈顿的杂志编辑补充说："是啊，我也总是期待明天能够做点什么，但每天我都觉得自己的时间不够用。"

……

大家你一言我一语地发表了看法，我坐在讲台上微笑地听着。人们总是期待着明天去解决问题、改变生活，而"今天"只不过是为了明天的行动做做规划、打打气罢了。那么，"今天"的意义在哪儿？请问现在的你，是活在"今天"还是"明天"？

今天的你，真的是被各种事物所安排得满满当当，还是你总喜欢拖拖拉拉，把要做的事情和你的期望放到明天？

《高效能人士七个习惯》《要事第一》的作者柯维博士曾经说过这样一句话："人们总是觉得时间不够用，但大多数人却总是把时间乱用。"柯维博士这句话的深层次含义是：人们总是没有把时间用对地方，所以造成了拖延。

但根据我的研究发现，即使很多人科学地采用时间管理法，也一样会产生不同程度的拖延。按照之前流行的方式，人们会把事情分成ABCD等几个级别，然后按照级别安排自己一天的工作和生活。在我的学员中，很多人也是采用这种方式来规划时间，但是这并不能有效改善人们的拖延症。

人们可以做到科学的安排和短暂的高效，但无法持久地坚持下去，对于"明天"的依赖主要源自长期以来对"今天"的放弃，这种放弃主要是因为人们的自制力水平还不够强大。

无论是外界的干扰还是诱惑，抑或是本身长期习惯造成的影响，很多人都不能在规定的时间内完成自己的计划，所以才会对"明天"产生依赖。

这个时候我们需要摆脱这种依赖。我知道有的书中提到过一种方式，就是让你假想明天就会离开人世，通过这种方式来敦促你珍惜今天的时光。我也曾研究过这个方法，但是收效甚微。因为人们的潜意识里会告诉自己："明天就逝去，那是不可能的。就算是真的，那更没必要努力去做什么事了。"

所以，我不会向我的学员推荐这种毫无效果的方法。但是有一种方法，我曾经在一些团队中使用过，效果非常不错，能够大幅提升团队中每个人做事的效率。其原理和之前提到的"制约机制"有些相似。

几年前，一家小型 IT 公司曾邀请我为他们进行自制力方面的培训。在培训的最后，公司的创始人史考特先生对我说，如果我能够帮助他们提高一下工作效率就再好不过了。我想了想，答应了他，并给他提供了一个方法。

我是怎么做的呢？我让公司购买了一个大屏幕的显示器，放在办公区显眼的位置。这个显示器上会滚动播放每位员工当日的工作计划，并随机安排一个检查员。例如狄恩是这家公司的程序员，他在今天的工作计划是完成 25 页代码的编写，这个任务量对他来说并不轻松。在下班时间，电脑会随机安排另外一个员工来检查狄恩的工作，可能是马克，也可能是布莱尔。

这样做的结果是，公司里任何一名员工在工作时都会受到两方面制约：一方面所有的人都知道你今天要做什么，虽然他们并不关心你是否能完成，但你会产生心理压力，就好像你大声对所有人宣布今天你的目标一样，你还会拖拖拉拉吗？

另一方面是检查你工作的人，每天你都会对不同的人做出承诺，你也希望能成为所有人心目中保持诚信的人，对吗？同时，这样做的另一大好处是还能增进同事之间的交流。

很快，史考特先生打来电话对我表示感谢——公司员工的工作效率有了显著提高！

如果你理解了这个原理，你也可以通过这种方式来制约自己，主动把自己的工作计划、学习计划等让更多的人了解，然后让他们检查你完成的情况，长此以往，你会成为真正的高效能人士，而你也无须再用别人来制约你了。

我拒绝接受那个结果

勒布朗·詹姆斯，可能是 NBA 历史上最为全面的篮球运动员之一，他能在场上打任何位置，在经历过 NBA 比赛的多年洗礼后，2010 年詹姆斯加盟迈阿密热火队，并于 2012 年率队夺得了 NBA 总冠军、总决赛 MVP 和奥运会冠军等多项荣誉。

可是你知道吗？在光环背后，勒布朗成长为巨星的道路并不容易。

1984 年 12 月 30 日，勒布朗出生于美国俄亥俄州的阿克伦，他的母亲格利亚·詹姆斯当时只有 16 岁。她从来没有透露过詹姆斯的生父，所以，詹姆斯一直不知道自己父亲是谁，而他的姓氏也跟随了母亲格利亚。

勒布朗出生后，和母亲一起住在俄亥俄州阿肯山胡桃木街贫民区的外婆家，还是一栋租来的破旧老房子。勒布朗快 3 岁时，母亲给勒布朗买了一套篮球玩具，他得到了人生中的第一个"篮球"。

在黑人贫民区，街上到处是闲逛的问题少年，也没有正规的教练进行指导，连运动场都是破破烂烂的。对于那段时光的回忆，勒布朗说："我的童年太糟糕了，我不知道自己应该站在外面抽烟还是回到教室，甚至我在想自己该不该做个小偷，帮母亲减少点负担……"

到了9岁，勒布朗加入了一只橄榄球队进行训练，但性格要强的他不愿意去打四分卫，而且一直以来他最崇拜的偶像就是"飞人"乔丹。于是，他放弃了橄榄球，转而开始练习篮球。

这个时候，一位退役的篮球运动员弗兰克·沃克走进了他的生活，并成为他的启蒙老师。沃克对勒布朗说："勒布朗，你希望你永远住在贫民区里吗？你希望自己将来只能在超市打打零工吗？如果你不想过上那样的生活，你应该让自己比别人更努力地训练，到NBA去打球！"

沃克的话在勒布朗的心里留下了深深的烙印："我很感谢沃克，他除了在训练上给我很多指导以外，他让我懂得'我为什么要比别人更刻苦'，每当我厌倦了训练的时候，他的话总回响在我耳边，我再也不想回到又脏又乱的贫民区，我拒绝接受那个结果。"

就是这样，勒布朗·詹姆斯在放学后，每天都训练到很晚。逐渐地，连学校里高年级的男生也不是他的对手了，勒布朗开始挑战更高的目标，他开始尝试练习各个位置的技术。他不容许自己失败，"那种感觉就像回到胡桃木街的老房子里一样"，勒布朗这样说。

在高中时由于表现得十分抢眼，勒布朗就已经登上《灌篮》《体育画报》《ESPN》等杂志的封面，成为家喻户晓的人物。18岁时，他以选秀第一名的身份被克利夫兰骑士队选中，从此翻开了人生崭新的一页。

沃克的话为什么能帮助勒布朗走向成功？因为沃克给勒布朗描述了最坏的情况：如果你不好好训练，你很有可能还会像父母那样住在贫民区里，但你只要努力训练，你就可以成为职业选手离开那种生活。要知道，贫民区阴郁的童年生活是勒布朗心中最难以磨灭的印记。如果真是走不出贫民区，对于勒布朗来说，那该有多糟糕啊！

很多时候，"坏的情况"往往比"好的情况"更能够激发人们的自制力。在做同样一件事时，我发现那些总是提前设想坏结果的人，比那些总往好的方面想的人，可以坚持得更持久、做得更好。因为他们往往会把事情的结果想得很坏，所以做起事来会更专心。

如果你对做成一件事的渴望并不是很强烈的话，而同时你又未曾深入考虑过做不成这件事的负面影响，多数情况下，你会对自己放松要求："如果失败的话，也可以接受""如果没做完的话，就算了吧"，等等。这个时候，你的自制力就会薄弱，你只能接受放弃或失败。

所以，我会给每位学员布置一项练习：思考5分钟，想一想哪些事你之前可以做好，但是你却没有坚持做完，以至于现在的你十分后悔。想好这件事，然后把它或它们写在纸上。我希望正在阅读本书的你，也可以做这个练习。

5分钟后，每个人都写了至少一件让他们后悔的事，我让每个人轮流把自己所写的内容大声念出来。

我清楚地记得有一位学员是这样说的："我曾经是全美少年钢琴比赛的获奖者，也热爱古典音乐，为了能把我培养成音乐家，我的老师要求我每天要练至少6个小时的钢琴，但我的自制力没有那么强，坚持不了那么久。我和老师大吵了几次，最终我放弃了继续学习钢琴。我很后悔自己当初没能按照老师的要求坚持下去，因为现在，我做着一份自己毫无兴趣的工作，只为养家糊口，我看不到希望。"

他的经历很具有代表性，试想如果他在当时能够坚持下去的话，他的人生轨迹或许就会完全改变，没准他就是下一个理查德·克莱德曼！

也许你也有过类似的经历，那种后悔的滋味真的不怎么样。既然如此，你会愿意在未来的某一天，后悔今天没有坚持完成的事吗？现在，不妨就接着再思考几分钟，想一想如果放弃手头的工作、计划，未来会出现的"最坏的情况"，请把你的答案写在让你后悔的那件事的下面。

然后每当你感觉自己自制力薄弱时，就拿出来看看吧！

培养紧迫感的方法

我相信，如果可能，你一定衷心希望自己能够成为最高效能的管理者、水准进步最快的歌唱家、成绩飞快提高的运动员、体重掉得最快的减肥者等，你的期望都很积极，并愿意为自己的期望努力改变。

遗憾的是，你就是提不起精神来。造成这种情况的主要原因是，你心中缺乏一种紧迫感，在潜意识中缺乏一种不停催促自己的力量。

帕金森定律足以证明这一点，人们总是在规定时间的最后才能完成任务，例如你的计划定制的时间是 5 天，那么你就可能在第 5 天晚上完成任务。如果同样的任务你给自己规定的时间是 3 天，那么你也会在第 3 天宣告完成。也就是说，你给自己限定的时间长度决定了你的效率。但大部分人并不愿给自己规定时间，或是愿意给自己更充足的时间。

是啊，我也承认，只要时间容许，你就算没有任何基础，不慌不忙地学习任何知识，你都能成功。做个极端的假设，如果你愿意花上百年的时间研究 IT 技术，你也可能成为比尔·盖茨、乔布斯那样的成功者。

但现实是，你没有那么多的时间。

"如果我早点学完函授课程就好了！"

"如果我早点看完那套教材就好了！"

"如果我早点完成那份任务就好了！"

"如果我早点精通那个软件就好了！"

"如果我早点学会那门技术就好了！"

甚至，"如果我早点向那个姑娘表白就好了！"

……

每一天，每一分钟，世界上都会有人说出类似的话，人们抱怨自己在做某件事上浪费了太多时间。现在，也请你用自己的亲身经历来"造句"：如果我早点——就好了！

如果你不希望自己在未来还能"造"出很多这样的句子，那么从今天开始，培养一下你的紧迫感吧。

紧迫感是一种心理感知能力，要想培养这种能力，你需要不断刺激自己。这种感觉有点像古罗马时期训练角斗士的教练，他们拿着皮鞭不断抽打着角斗士，让他们时刻不能松懈。现在你要做的是，找到这条不断"抽打"自己的"皮鞭"！

上一节讲到的"你拒绝接受的结果"，就是一条可以督促你的"皮鞭"，你需要不断在头脑中去冥想你不希望在将来发生的情况，这样会让你感到压力。

另外，你甚至可以用更形象的表达方式来督促自己。我听说有一位董事长就在自己的办公室里挂着一幅竞争对手的照片，并在这张照片的上面写道："在你休息的时候，他正在想方设法地战胜你！"我相信他每次抬头看到这幅照片和那句话时，会很自然地就在头脑中产生紧迫感。

　　还有一位名叫贝克的会计师，他保持紧迫感的方式也很值得借鉴。贝克很爱自己的小女儿，并把小女儿灿烂微笑的照片放在桌子上，激励自己为孩子努力工作。忽然有一天，他在网上随便浏览的时候，看到了一张获奖照片，这让他触动很大。这是一张摄影师在不发达地区拍摄的照片，照片里的孩子们因为贫困而衣衫褴褛、骨瘦如柴，他们看上去和自己的女儿年龄相仿。贝克沉思了一会儿，然后打印了那张让人心酸的照片，并把它放在自己女儿照片的旁边。他对自己说："贝克，如果你不努力工作的话，或许有一天，安妮（他的小女儿名字）也会陷入贫困。"

　　每当他对工作厌倦的时候，他就看看那两张照片，然后接着努力工作了。虽然他的想法有些夸张和消极，但确实能激发他的紧迫感，提高他的做事效率。

　　生物学家的研究早已证明了这一点，人们做事时的紧迫感会帮助大脑分泌出一种物质，可以让人的注意力更集中，自制力更强大，身体的机能也更出色。大脑中的能量和智慧会在这个时间段内集中释放，完成平日无法完成的事甚至创造出奇迹。

　　试想一下，如果我们始终能够保持这种紧迫感，我们就可以让大脑持续释放出能量，可以让自己更快速地走向目标，这难道不是你所期待的吗？

　　你可以想想，生活中有哪些事、哪些人可以对你产生刺激的效果，能够激发你做事的决心，把这些人和事放在最显著的位置不断提醒自己，你就能帮助自己远离惰性，提高自制力的水平。

◇有效练习 2　治愈"拖延症"

还记得马丁内兹吗？第一节里我提到过的一位"拖延症患者"。他认为自己的自制力还不错，"只不过有些事分散了我的精力"。的确，能分散我们注意力的事情太多了，但这只是自制力不够强的表现。我的工作需要和很多人打交道，所以每一个白天都是忙碌而热闹的，但那不会影响我的效率，我也从来不肯被干扰，所以，你也能做到。我给马丁内兹的建议是这样的。

Step 1　建立"制约机制"

为了让妻子承认自己是一个负责任的人，也让领导看到自己的改变，我建议马丁内兹用及时完成任务来证明自己。但由于他的自制力较为薄弱，可以建立"制约机制"。

在公司，向部门同事公开自己的计划，分享进度，也邀请大家监督自己；在家里，把这个练习向妻子讲清楚，告诉她你需要帮助。妻子很高兴地答应了，认为他是一个对自己诚实与负责的人。

就这样，马丁内兹为了不在妻子和同事面前丢脸，对"拖延"这件事一下子重视起来了。

Step 2　确定练习内容

我建议马丁内兹每天晚上睡前，或者每天早晨醒来，先列一张计划表，写上他这一天需要完成的事情。如果有些事需要花比较多的时间，那就要在这件事旁边写上规定的完成日期。把这张计划表随身带着，随时提醒自己。

告别"拖延症"的练习内容，最主要的就是马上开始行动。我告诉他，一旦你有"我现在不想做这个"或是"别的时间再做这件事"这样的想法，你马上要警告自己："我要拖延了！"警铃响起了以后，你就要提醒自己："我要有自制力，我要现在就开始行动。否则，我会重新回到原来的状态，同时多了妻子和公司的质疑，我拒绝接受那个结果。"

除了马上开始行动，还要排除干扰。或者说，在干扰中训练自制力。如果他不停地去看网页新闻或者与同事闲聊，那就很难不被干扰。所以，马丁内兹要做的就是，无视新闻、别人的聊天、社交网站等，专注于手头的工作。等工作告一段落，可以在休息的时候调节一下。

Step 3　给自己5分钟

早晨9点上班，马丁内兹8点50分到了办公室，打开电脑，清理桌子，给自己倒杯咖啡，大致思考了一下今天的工作内容。

9点钟，他还没有开始工作。9点半了，他才刚刚开始准备工作。那半个小时，他做了什么？他看了看新闻，了解这个世界上发生了什么事，打开邮箱看了看邮件里的各种广告，看了看社交网站上的留言并且跟大家进行了互动……半个小时很快过去了。

我告诉马丁内兹，如果你觉得9点钟马上开始做事情太难，那就给自己 5 分钟，只有 5 分钟。用这 5 分钟时间让自己跨出第一步，同时暗示你的大脑和身体："你们要准备好了！"同样，做任何事情的时候，不要去想"明天怎样"或者"等哪天"，顶多给自己 5 分钟。

Step 4　设立奖惩制度

奖励自己的努力是十分重要的。如果你今天从来没有被打扰到，什么事情都在第一时间完成了，就给自己一些有趣的奖励吧。比如，看一场橄榄球赛，多玩一会儿游戏，在网站上看一会儿帖子，想怎么玩就怎么玩。当然，我建议他用一些"更健康"的方式奖励自己。

既然遵守规则有甜头，那么拖延了也应该有惩罚！比如，假如今天被干扰了、拖延了，这周就不能再去熟悉的咖啡店喝心爱的焦糖玛奇朵。

就这样，几个月之内，马丁内兹不再为拖延症所苦恼。他向我表示感谢，而我祝贺他："你真的很棒，因为你是一个有办法让自己打败拖延的人。"

第三章

掌控思想——自制力的核心力量

你关注什么，就是什么

无论准备得多么充分，你在做任何事情的时候都会遇到难以想象的困难。你想完成的计划越长远，你的目标越远大，你遇到的困难就会越多，而你需要的自制力的支撑力度也就越强。

问题是，你无法改变那些困难的存在，因为他们是客观的，只要你去做事情，去争取好的事情发生，你就会遇到这些难题，这并不以你的意识为转移。

而且，你永远无法与困难长期共存，要么被困难所征服，要么征服困难，你的选择是什么？如果你的选择是后者，你该怎么做？

你唯一能做的是改变你自己，让你的自制力水平超过困难，不断战胜难题，就像蜘蛛侠每次都能击败各种"科学怪人"那样。

你需要怎么做？改变意识的焦点。

举个简单的例子。埃尔文正在学习演奏吉他，有一段时间他进步神速，掌握了基本的演奏技巧，可是最近他在练习一首快节奏的曲子时遇到了问题——他试了很多次都无法连贯地弹奏下去。

这个时候，埃尔文的心理发生了变化，他不断问自己："为什么我不能弹奏它呢？"请注意，他的意识焦点停留在"为什么不能弹奏"这个问题上。于是，他会不自觉地为这个问题寻找答案："是我没有天赋吗""是因为我的手指不够灵活吗""是我的吉他不行吗"，等等。你有没有发现，这些大脑中闪过的答案都是呈现出一种负面的意识。在这种意识的引导下，埃尔文会放弃继续练习，结果是他不能很好地掌握吉他的演奏技巧。

这个过程我们可以简单地概括为：

困难产生 → 错误的意识焦点 → 负面答案 → 无法解决 → 终止行动

在这个过程中，你会发现，正如我们所说的那样，困难的产生并不容易改变，它是客观存在的。而意识焦点却可以改变，它由你来掌控。

对于埃尔文来说，如果他把意识的焦点放在："我怎样才能弹奏好它呢？"情况就会发生改变，同样他会在自己的大脑中寻找答案："我是不是应该再多练习几天""我是不是可以请教专业老师的指导""我是不是可以改进一下练习的方式"，等等。于是，埃尔文开始寻找最佳的解决办法，他会继续练习，并完成这首乐曲的演奏。

这个过程一样可以总结为：

困难产生 → 正确的意识焦点 → 正面答案 → 有效解决 → 继续行动

你看，生活中、工作中我们都可以用这个方法来战胜困难，只需要纠正我们的意识焦点，我们就可以在困难到来之后"挺过去"。而且下次遇到困难时，你依然可以用这个方法来解决。

简单来说，面对问题的时候，你需要改变我们心里的提问方式。让自己从"为什么"中走出，转变为"我怎样"的提问方式。在做这个练习的时候，我请学员们围坐成一圈，依次提出一个自己最常问自己的"为什么"问题。我听到的是：

"为什么我活得如此艰难？"

"为什么我总是假装自己快乐？"

"为什么别人都不喜欢我？"

"为什么我学不会拉丁舞？"

"为什么我总和冠军差一步之遥？"

"为什么我总是偷偷摸摸地吃巧克力？"（全场一片笑声）

"为什么我的同学都过得比我好？"

"为什么客户总是拒绝我的推荐？"

……

在每个人都说出自己的"为什么"之后，我相信每个人的感觉都很好，大家把困扰自己的问题当众说了出来，这本身就是一种很好地释放。在每个人发言的同时，会有不同的人点点头，很多问题都是我们普遍存在或遇到过的。

接下来是让意识焦点发生转变的过程，我让每个人从头再说一下自己的问题，这回采用"我怎样"的方式：

"我怎样才能活得轻松点？"

"我怎样能够真正快乐起来？"

"我怎样让别人喜欢我？"

"我怎样能跳出漂亮的拉丁舞？"

"我怎样赢得比赛的冠军？"

"我怎样能管住自己的嘴巴，不再偷吃？"（全场又是一片笑声）

"我怎样比同学过得都好？"

"我怎样说服客户买我的产品？"

……

不知道你感觉到了没有，问题的改变会带给你完全不一样的感觉。在"我怎样"的引导下，你的情绪还会停留在"为什么"那样消极的、甚至是有些埋怨自己的感觉中吗？

显然不会。我要求每位学员感受这个过程，并在每天的不同时间段，对自己问上几遍"我怎样"，看看自己能否找到最好的解决方法。这个练习很简单，只需要你长期坚持下去，每天都练习，你会发生改变，自发地用正确的意识焦点去帮助自己思考。

当你那样做了，你的自制力就不会被困难压倒，反而逐渐增强了！

努力做到"身心合一"

我曾经遇到过一位在餐厅打工的服务生,他面无表情的状态和眼神中流露出来的倦怠感,带给我的信号是:"这种无聊的、伺候人的工作,有什么前途呢?"没过多久,我再次到那个餐厅用餐时,这位服务生已经不见了踪影。

人们总是在做着某件事,但是思想里却不认同自己做的事,这样的结果就像这位服务生一样:干不长就放弃!

想想看,一位正在学习电脑技术的人总是对自己说:"学这个也就当个程序员,也不可能成为比尔·盖茨。"你觉得他会坚持学好吗?很有可能,他很快放弃了学习,转行做了别的什么工作。

再比如一位参加马拉松比赛的选手,在比赛过程中暂时落后,他会想:"我已经被第一名落下那么多了,我还有可能成为冠军吗?"在他这么想的过程中,他就已经放慢了脚步,最后他连前三名都没有跑进去。

无论我走到哪里,机场、车站、公园、餐馆还是写字楼,我都能从身边行人的眼神中,看到这种"身心不合"的情况。出现"身心不合"的多数情况人们在心中产生了对自己的质疑,这种质疑的结果是人们无法全身心投入进去，于是自制力面临巨大的考验。

质疑来自你的心底，但却不停地影响着你的行动。在工作的时候，员工会想"领导让我做这个工作有什么意义呢"；在做销售的时候，推销员们会想"这个产品真的不错吗，顾客会满意吗"；在进行文学创作的时候，作者会想"这本书写成之后会有人买吗，会不会卖不出去几本"……

这些质疑声，就像观众一样，当你登台准备表演的时候，它们在底下发出嘘声，仿佛在对你说："下去吧，你的表演糟透了""嘿，你还是练练再出来吧。"

产生质疑的根源在于，你对自己缺乏信心，也就是说，你自己不相信自己。很多事是你向往的，但从未做到过的，你不知道自己行不行，于是你在心中给自己打了一个大大的问号："我真的可以吗？""我能够做到吗？"

克服这种质疑的方法，我在上面的部分已经讲过，你需要学会转移你的意识焦点。把你的问题进行转化，从"我真的可以吗"转化到"我如何可以做到"，这样你的思想和行动就更容易形成一致，进而达到"身心合一"的境界了。

杰克·尼克劳斯，这位天才高尔夫球选手，在比赛中赢得了超过100场冠军的胜利，他的球技和风格深受全世界球迷的喜爱。但是一开始，他并没有这么优秀。杰克在最早练球的时候，总是显得很笨拙，不是力量过大就是过小，这让对高尔夫球充满浓厚情绪的他倍感失落，他甚至怀疑自己："我真的能打好球吗？"

但是他的教练却不这么认为，他认为杰克的问题并不在于他是否有天赋，而是在于他总是太想打好每一杆球了，以至于越是打不好，他的心里就越慌乱，才会总是出现失误。于是教练走了过来，对他说："杰克，在你出杆之前，先不要去想球能否一杆进洞，而是去想象一下击球的过程和球的飞行路线。你可以试试吗？"

杰克听了教练的话，他试着在击球之前开始想象自己用什么样的力度，怎样的角度，球会飞出怎样漂亮的弧线，在空中球会遇到怎样的空气动力，在何时划出一条优美的抛物线等。起初，他发现球并没有按照自己的想法飞行和着陆，于是他就去总结经验，反复模拟和练习那个过程。逐渐地，在打每一杆球时，他的想法和动作都能和谐统一，球基本上能够按照自己预想的那样飞行了。

你看，杰克成功的关键在于他的意识发生了转变，做到了"身心合一"，从而可以把焦点放在打好每一杆球的技术动作上，降低了其他心理因素的干扰。而当他发现自己能够有效地控制好球的线路时，他的自信心也会增强，心理干扰就会更少，他走上了正向循环。

现在回到你的身上，请你想想，有哪些想法使你产生了"身心不合"的情况，你该如何调整自己，清除那些负面的想法，让自己像杰克一样走上正向循环之路。我相信当你在头脑中做出改变后，你，一定会成为一个能够完全掌控自己的人。

学会权衡利弊

三年前的冬天，我受邀到明尼苏达州的一家剧院为当地人进行公益演讲。刚到那里的时候，我遇到了一点麻烦，寒冷的天气让我染上了重感冒。在演讲开始的头两天，我感到头痛欲裂，嗓子里像着了火那样疼，鼻子也闻不到任何味道。我的经纪人看到这种情况，于是便想和主办方商量取消或延迟这场演讲。

我听他说完这个想法时，立刻否定了他："一个去给别人传授自制力的演讲师，居然被感冒征服了？这难道不是一个笑话吗？请你不要那样做，我相信我能给听众带来一场完美的演讲。"

演讲的那一天，我感到自己的身体情况可以用"糟透了"来形容，发着烧，身体感到寒冷，好在我的脑袋还没坏。于是我登上了台，开始向大家讲解自制力的原理。

我感到时间过得很慢，嗓子越来越痛，但是我尽量用最大的声音去启发听众们。我试着放慢自己演讲的节奏，但那没用，我会感到更加痛苦。索性，我忽略了身体的不适，拿着话筒努力地像健康时一样演讲。

就这样，熬到中间休息的时候，我几乎不知道自己是怎么走到休息间的。到了休息间，我一屁股坐在了椅子上，大口地喝着水。我的经纪人小声地问我："您要不要多休息一会儿，或是取消下半部分的演讲？反正这也是一次公益活动。"

他的话并不是对我没有影响，作为一个感觉自己快要透支晕倒的人，我犹豫了一下，对他说："让我想一想。"

我坐在椅子上，开始思考，如果我放弃了后面的演讲，我将会得到什么呢？我会得到暂时的喘息、一次半途而废的演讲。而相反，如果我坚持继续演讲的话，我的身体情况可能更糟，甚至跌倒在会场上，但也可能坚持到底，做一次完整的演讲，让更多的人得到自制力方面的提高。

我仔细权衡了一下，如果不继续演讲，身体的疼痛只能得到暂时的缓解，而继续演讲，或许能够改变很多人的生活和命运。如果是你，你会做出怎样的选择？

我多休息了十分钟，再一次站到场上，得到了听众们热烈的掌声。是的，主办方已经向大家描述了我的身体状态，而听众的掌声给了我极大的鼓励。

结果是，我并没有晕倒在会场中间，当我按照计划讲完最后一部分内容后，我甚至还为听众们又多讲了一刻钟。这是我这几年来感觉最好的一场演讲，当然，讲完之后我在医院里躺上了好几天。但我感觉一切都是值得的。

这段经历带给你和我的启示是：在自制力遇到考验时，我们是不是可以通过权衡利弊的方式，让自己坚持住，而不是简单地告诉自己可以做到？

这个思考的过程应该是非常理性的，从行为控制学的角度来说，我们称之为"理性意志"。你可以拿一张纸，中间用一条横线和一条竖线隔开，这样这张纸就被你分成了四个象限。请在左上边的象限内注明"短期损失"，右上边的象限内注明"短期收益"，左下方象限内注明"长期损失"，而右下方象限内注明"长期收益"。

现在，你可以为你犹豫不决的事进行权衡利弊的分析了。曾经有一位经济独立、但存款几乎为零的年轻女律师，就采用了这种方式，帮助自己养成了坚持每月储蓄的习惯，她是这样分析的：

短期损失：我不能随意购买新推出的衣服、化妆品，不能随意出入高档餐厅；

短期收益：我可以每个月固定往银行存入一半薪水；

长期损失：我将逐渐与"时尚潮流"越来越远；

长期收益：我能在一年之内攒够买房的首付，在未来十年内还清贷款。

她把每个月做固定存款的短期和长期的损失和收益进行了仔细比较，最终她说服了自己——坚持储蓄，并把那张利弊分析的纸放在自己的钱包里，每当她有购物的冲动时，就看看它。

现在，她不光交了首付住进了新居，更令人高兴的是，她的职位也获得了提升。我想，这应该也可以算作她的长期收益，因为当她开始储蓄的时候，我相信她会更专心地工作，能够少花时间和精力在购物与享乐上，多一点心思放在工作中。

如果你是一位男性读者，你一定会说，坚持储蓄有那么困难吗？这还需要自制力？事实上，对于一个生活在纽约的都市女性来说，特别是花惯了钱的年轻女孩，不花钱往往比赚钱更需要自制力。

　　我坚信一点，就是当你在一方面有所损失时，你一定会在其他方面得到收获，这是一种平衡，你不会真的有太多损失。

　　只不过，很多人在做事情时，都会被短期损失所蒙蔽，他们看不到坚持做某件事的短期收益和长期收益。那么，你希望你是这样的人吗？

主动赢得一切

在你的生活中，我相信你总会遇到这种情况：当你在做某件事遇到困难的时候，你身边最亲密的人一定会对你说："麦克，我建议你先不要想它们，好好休息一下吧"，或是"琳达，你已经尽力了，何必再去勉强自己"。

我相信他们是真心为你好，但实际上却并没有帮助到你，相反，他们会给你造成心理上的负担："人们希望或要求我那样去做！"无形之中，在别人的期待下，你失去了对自己行为的控制力。这难道不可悲吗？

你是为谁而活？是为别人还是自己？你是想按别人希望的"那样"去做，还是想按自己希望的"这样"而活？在你的身体里，谁是你思想的主人，是你自己，还是希望你"那样"去做的人？

我们终此一生，就是要摆脱他人的期待，找到真正的自己。如果你不希望成为别人思想的"傀儡"，就要想方设法掌控自己的人生。

讲到这个问题时，我总会给学员们播放一段录像，是对一位名叫朱莉安的女士的访问，她和我们分享了她的一段经历，让我们来听听她都说了什么。

那天是这样的。我在家里进行平常的健美操课，接着是烹饪和另一组30分钟的跳绳，同时做一些健身训练。我收拾好卧室的窗帘（我们刚刚搬进新房），然后出门购物，回家吃午饭，打扫完毕，我躺下休息。

一切和平常一样。我醒来，想拿起塑料水瓶喝了一小口水，不料竟弄掉了瓶子，我感到恐慌。我试图捡起瓶子，却滚下床去了，我知道的最后一件事是，我一直试图抓住我抓不住的瓶子，我想知道我的手出了什么事，为什么动弹不了，我一直试着，试着……

后来我被丈夫摇晃着醒来，医生丢下一枚炸弹：我中风了。

检查后，我根本没有什么问题，但我仍然不会说话，整个右半身无法动弹。我无力地躺在那儿，茫然于诊断的结果。

我被告知，我的腿莫名其妙地产生了一些血凝块，它转移到了我的脑部，又返回嵌在我的喉咙左侧：这就是为什么我说不了话和移动不了我的右半身。

好消息是：不用手术，只需要用药物来溶解我的血凝块，当然还有大量的物理治疗。

这个没有明显症状的中风，原因显然是模糊不清的，可能是遗传或压力。

从医院回来后，我惊恐地看到我走路、说话、吃东西的能力被完全改变了。确信不疑的是，这些不再轻易做到，我得重新学习，我几乎像小孩一样学习走第一步。

怎样去继续我的健身操课，这是唯一困扰我的事情。人们呢？不停地告诉我，我应该高兴自己还活着，但对于我来说，这比死本身还要糟糕。我的丈夫甚至希望我放弃所有运动项目，踏踏实实地在家休息。他对我说："朱莉安，你应该学会接受现状，慢慢来，你能适应。"

他的话对我并没有起到任何安慰的作用，相反，我更加坚定了要努力恢复自己健康的决心。每当我去见医生，我一直要求他告诉我实话：我还能继续健身操课吗?

对此,他表示答案掌握在我手中:练习是唯一能让我快速恢复运动能力的方法。停止沉浸在自我怜悯中,去做一些积极的事情,因为我越是拖延,就越会减缓我的进步,我要做我以前能做的一切。

这就够了,对康复的渴望推动我跟着理疗师努力训练,他帮我做简单的练习,例如:写字、翻书页,用剪刀剪东西,拿起玻璃珠子又放回杯里,穿针线等。

那些以前我能轻易做到的事,现在超出了我的能力,加上我还要重新学习走路、说话、吃东西,这一切非常令人沮丧和郁闷。我从没忘记我的目标,能够继续我的健身操课,这使我不被击倒,也不放弃。

我经常努力训练两三个小时去征服所有困难,虽然它们实际上是很简单的事情。

就这样8个月后,我完美地恢复了(医生说是98%)健康。我又可以开始上我的健身操课了,还有我中风前做得很好的所有事情。甚至没有人相信我曾经中过风。

到现在已经十多年,我必须说是我的决心和自制力让我没有沉沦,没有沉浸在自怜和绝望中。既然我可以做到,我相信任何人也可以做到。

每次播完录像,我都能看到很多女学员流下了眼泪。一个身患中风的女性,在身边大多数人都希望她学会接受现实的时候,她选择了坚持训练直到完美康复,这种强大的自制力难道不值得我们每个人敬佩吗?

你也能像朱莉安那样强大,只需要三个步骤就可以做到。

1. 坚定你的想法

是的,你必须坚定。你可以通过之前我们讲到的方法,让自己确定想要坚持做的事，是对自己的生活有积极意义的事，也是你有信心做好的事。

2. 让他们"闭嘴"

现在，你需要说服那些影响你的人，把你的想法和他们沟通，你只有真正说服了他们，他们才不会继续扮演你行动的"指挥官"，你才能更毫无负担地去做任何事。

3. 证明给别人看

最后，如果你前两步都已经完成了，你已经别无选择——只能依靠行动证明给别人看，如果你不能做到你说的那样，下一回别人会变本加厉地来影响你、说服你。

这三个简单的步骤将会帮助你摆脱别人的影响，但你需要坚持到底，否则一切会成为空谈。

克服内心深处的恐惧感

我们为什么会感到恐惧？是什么让我们如此害怕？

很多人把恐惧看作"此路不通"的指示牌，恐惧感一旦产生，人们首先想到的不是战胜恐惧，而是"我行不行？"或是"干脆放弃吧"。我的大多数学员都有这种感受。我们会围坐在一起，单独讨论恐惧。

来自尼尔森公司的学员马索说："我是做数据销售的，我时常会感到恐惧，而且害怕失败，害怕自己不能完成领导给定的销售任务，被他臭骂一顿。所以我有时真想换个工作，何必给自己这么大的压力呢？"

小型猎头公司的创始人吉米说："我会经常害怕，作为一家小型企业，金融危机很容易让我们的公司倒闭，很多同行都停业了，我害怕自己成为下一个。我也想过转让自己的公司，但又不舍得，它就像我的孩子。"

立志成为脱口秀明星的罗伯特说："我的恐惧在于，我时常想象自己站在台上能否逗乐观众，如果一分钟内不能听到笑声和掌声，我估计我这辈子无法再登台表演了。"

无论是因为外界环境的压力，还是因为我们对自身缺乏正确的认识，不管是哪种原因，人们在走向更高的目标时，确实产生了恐惧的心理。

　　恐惧会影响自制力的水平吗？这个答案是肯定的。最明显的例子是那些战争时期的逃兵，因为对死亡的恐惧，他们坚持不住了，自制力耗尽了，灰溜溜地逃跑了，丢下前线的兄弟们不管了！

　　无论你的计划是什么，你想做成什么，这些都可以比喻成一场战役。你的思维、行动、人际关系、情绪可以看成是你的"冲锋团"。但不幸的是，你的情绪被恐惧主导了，你"冲锋团"里的一个重要的成员打算逃跑了，这次战役你还能坚持打下去吗？或许你还没往前走两步，就要举起白旗，宣告投降了。

　　因为职业的缘故，我看过数百本潜能开发和成功学的书，大部分的书都在告诫人们要树立远大的目标，付诸行动，却很少有人在讲如何克服恐惧。但根据我的经验，无论你想要实现何种目标，长期的、短期的，一旦目标确定，计划开始，恐惧感即来。

　　无论你把目标定为徒步旅行一个月，还是增加一倍的收入，抑或是创立一家赚钱的企业，这些都是你向往的、想要变成事实的事。你会在心里想象两种情况的出现：一种是你做成了，你快乐了；另一种是你失败了，目标泡汤了。而恐惧感就源自你对后一种情况的想象。

　　请注意我用了"想象"这个词。是的，大多数的恐惧并不是来自事实带给我们的感知，而多数是人们自己幻想出来的情况，通俗点说，就是自己把自己吓住了。所以克服恐惧的最好方法，就是让自己从吓唬自己变成鼓励自己，然后实现你的目标。下面有三个步骤，可以帮你实现这一点。

1. 识别恐惧

　　我曾经也被《德州电锯杀人狂》这样的电影吓到过，那种突然而来的袭击，血淋淋的画面，让人喘不过气来。我们在看电影的时候，因为过于投入，总觉得那是真的，所以会产生恐惧感。

后来，我再看这种恐怖片的时候，我在心里不断告诉自己："那些都是假的，无非是电影特效罢了，有台摄影机正对着那个面具杀手，导演或许正在一边喝着咖啡"。这样想，让我感觉好了很多，因为我打破了那种心里虚拟的"真实感"。

让你感到恐惧的其实并非真实的，拆穿这种幻想，你可以这样做：

我想要 _____，但我会幻想 _____，其实是我把自己吓到了。

例如：

我想要扩大销售业绩，但我会幻想完不成任务而被领导臭骂，其实是我把自己吓到了；

我想要拓展新的业务，但我会幻想公司在危机中倒闭，其实是我把自己吓到了；

我想要成为脱口秀明星，但我会幻想观众不买我的账，其实是我把自己吓到了；

……

2. 重建信心

当你恐惧时，想想自己曾经战胜恐惧的经历吧。无论是学游泳、学开车、学滑旱冰，你都经历了从"不会"到"会"的过程，你都曾经恐惧过。例如你学开车时，我相信你肯定有过一段时间，怕得手心冒汗，高度紧张。但结果是什么？你现在一样开得非常自如，你连脑子都不用动，就能开着车到你想去的地方，不是吗？

任何新的体验、新的变化，都会或多或少地在你心里产生恐惧感，这再正常不过了。请你相信，你过去的经历可以带给你自信，感受那个过程，建立起更强的自信心，就能获得更强大的自制力。

3. 纵身一跃

水烧到 99℃也沸腾不了，差的就是那 1℃，不要退缩，不要总想着坏的结果，多去想想你坚持到底能获得什么，你的目标实现后你会有多快乐，把那 1℃的水烧开，你就赢了！

理查德·伊文斯写了一本名为《圣诞盒子》的书，朋友读完了都很喜欢，但是没有出版社愿意出版，于是他自费出版了这本书。在一次全国图书展销会上，他发现了一个机会——畅销书作家签名区有一位作家没有到场，他虽然害怕被主办方轰出会场，但是他还是豁了出去，"厚着脸皮"坐到了那个位置，摆上自己的书开始给读者们签名。一年后，他的《圣诞盒子》卖了 800万册，成为了超级畅销书，一举登上了《纽约时报》畅销书排行榜第 1 名。

理查德完成了那最后的一跃，他的目标实现了，他成功了，他把水烧开了。换作是你，你可以做到吗？

为什么不呢？！

牢记你想要的结果

无论你做什么，是否努力，都会有两个结果出现，一个是你想要得到的结果，另一个是你实际得到的结果。

例如你想在 30 天内学会游泳，这是你想要的结果，但实际上你得到的结果是什么？你花了 60 天才学会，或是 30 天时你只能游上几米。再比如你想用 10 周时间掌握一门编程语言，但实际的结果是，你在第 5 周的时候就学不下去了，或是你花了一年时间才掌握。

很多时候让我们备感失望的是，自己想要的结果和我们实际得到的结果差距很大，问题出在了哪儿？一方面，不排除我们想要的结果超出了我们能力的极限，另一方面，也是出现最多的情况，人们在行动过程中由于自制力的脆弱，导致了自律性的降低，所以不能高效高质地完成每一阶段的计划。

很多人在做事情时，会陷入一个陷阱，就是他们相信只要自己做了就会实现自己想要的结果。但这样想的人，往往会出现两种情况：一是在规定的时间内得到糟糕的结果；二是往后调整自己的计划，用更长的时间来实现想要的结果。

温妮曾是我的私人助理，她刚开始跟随我做事的时候，就出现了这种情况。我让她帮我整理一份资料，并告诉她，我希望她用三天时间整理好。但是到了第三天，我却没有拿到资料，这让我很生气，但我也没说什么，只是督促她抓紧，又过了三天她终于交来了资料。我看了看，然后表扬她做得不错，但是我郑重地告诉她，我希望下回她能够按照规定的时间完成工作。她点了点头："先生，我下回一定可以做到。"

又过了一段时间，我交给她类似同样工作量的任务，并希望她用三天时间做好。第三天下班前，温妮风风火火地抱着自己做好的工作放到我的办公桌上。这次时间上她做到按时完成了，但是内容上却一塌糊涂，我基本需要重新来做。这让我一下子火冒三丈，恨不得立刻让她收拾东西走人。我把温妮叫了过来，狠狠地批评了她。

结果，她当着我的面哭了。这让我本来想炒掉她的心一下子软了下来，等她心情平静下来后，我问道："温妮，你是否愿意在我这里继续工作？"

"我愿意，先生。"

"好的，我也认为你能做好这份工作，你看，我曾经还表扬过你的工作，对吗？"我问她。

"是的，您那次表扬我让我高兴了很长时间。"温妮点点头，"我这次虽然按时完成了工作，但是我确实做得不好，这是我的错。"

"你觉得你的问题出在了哪里？看看我们能否一起解决它。"

"我并不是想敷衍您，我在工作的时候总是想着您的要求，我生怕自己不能按时完成工作。"

"这样并没有错啊，但是问题是为什么做得这么混乱呢？"

"可能是我对自己要求太松懈了，我在前天和昨天工作的时候，总是告诉自己还有时间，不要着急，于是我就真没有着急……可到了今天早上，我发现还有很多的任务要完成，我一下慌了，于是……"

"哦？好的，温妮，我明白了。"我心里想，她是一个帕金森定律的典型"患者"，"如果你想在我这里继续工作下去，我给你提个要求，你可以做到吗？"

"我想我可以的，先生。"温妮点点头。

"这是一个很简单的要求，分成这样四个步骤，作为一个循环。只要你做到了，你不光不会出现任何工作失误，而且会对你的人生有很大的帮助。"我看温妮在认真地听着，便继续说：

"首先，你要把工作任务按照时间划分并打印出来放在办公桌明显的位置，这样你会知道在什么时间做哪些事情。然后是关键的第一步，你需要在头一天下班前把第二天要完成的任务准备好，例如材料、联系人的名单等；第二步，在第二天上班的时候，你需要让自己在上午完成这一条计划的至少60%的工作内容；第三步，在下午你完成当天任务后，你需要对自己做个检查，是否按照质量完成了任务；第四步，弥补自己的遗漏，如果有时间可以提前完成下一天的部分工作。当这四个步骤结束后，你会回到第一步的时间点，然后再继续开始这个过程。你可以理解吗，温妮？"

"我想我可以！"温妮使劲地点头，"我明天就开始这么做！"

"不，我要求你今天就开始。你今天交给我的工作需要重做，请你按照我刚才说的那样开始执行吧。把任务的结果和你的规划写出来，然后按照步骤来行动，好吗？"

"好的，先生，我现在就开始。"

这天，温妮加了班，按照我的建议重新开始规划自己的工作。那么结果呢，三天后她忐忑地重新交了自己的工作结果，这次她做得非常棒！而现在，温妮成了我的得力助手，公司的合伙人之一，她已经可以独当一面了！

你只需要时刻牢记你要的结果，并科学地规划自己，你就能够成为既能获得成效又自律的人，久而久之你做任何事情的持续力都能够加强，你想要的结果和你实际得到的结果就不会出现巨大的偏差。或许，你能得到更好的结果呢？当然，一切取决于你自己。

把“放弃”从你的词典中剔除

畅销小说《毒木圣经》的作者芭芭拉·金索沃曾经说过这样一句话：“当你的稿子又被一位编辑退回时，请不要气馁，这不是拒绝，而是一个机会，让你把它寄给‘能欣赏我作品的编辑’的机会，请你继续寻找正确的地址吧。”

生活就是这样，在你实现梦想的道路上，总会遇到各种拒绝和磨难，有的人轻而易举地放弃了，有的人犹豫了半天最终放弃了，这些人都是各种各样的失败者；当然，还有一部分人根本没有考虑过“放弃”，反而成功了。

看到这样的人，你或许会说他们“傻人有傻福”“运气真好”，但其实并不是你想的那样，很多人因为在性格中没有“放弃”的意识存在，所以他们才会做任何事都能全力以赴，目标专一，释放出强大的自制力，从而实现他们的目标。

也就是说，他们的词典里根本没有“放弃”这个词，所以对于任何困难，他们的意识焦点都会自动放在解决困难上，而不会产生一些消极的想法。

黛比·玛康贝就是这样一位女性。她曾经有一个梦想，就是成为一个作家，但一直以来，她的身份只是一个每天接送孩子的家庭主妇。为了实现这个梦想，她买了一个二手的打字机，并在孩子们在学校上学的时间内开始写作。但两年过去了，她没有写出任何作品来，以至于她的丈夫韦恩对她说："亲爱的，虽然你一直在努力，但是却没有丝毫成效，我觉得仅靠我自己一个人的收入很难维持这个家了。"

黛比听完丈夫的话，心里很是失落，烦乱的心思让她整晚睡不着，她在想着如何能够一边照顾家人，一边找份工作，一边继续她的写作。但这真是个难题，因为时间就是那么有限，她感到十分痛苦。她的丈夫察觉到了她的情绪，便问她怎么了。

黛比坚定地说："我觉得自己能够成为一名作家，我真的可以做到。"

韦恩沉思了一会，叹了口气对她说："那么，亲爱的，如果你坚持自己的想法，那你就继续写作吧。"

在这以后，黛比继续利用孩子上学的时间进行写作，她一个字一个字地写了两年时间，而在这段时间里，她和家人的生活过得非常拮据，极少买新衣服，甚至连圣诞节的圣诞树也没有买过。黛比觉得非常愧对自己的家人，于是更加努力地写作。

在长达四年多的坚持写作后，黛比成功地签出了自己的第一本书，当她拿到首付版税时，请全家人到高级餐厅好好吃了一顿，并给丈夫和孩子们都买了新衣服。这还不算完，黛比继续一本一本地写，一本一本地出版，到现在为止，黛比已经出版了几十本书，累计销量上千万册，其中有好几本都成为了畅销书。

这就是黛比的故事，现在他们一家人住在佛罗里达的别墅中，享受着幸福快乐的生活。而她的丈夫韦恩则非常感谢黛比，感谢她为全家人带来的一切。

在你和我一起分享黛比成功的故事中，你得到了什么启示？

你会觉得黛比是"傻人有傻福"的家庭主妇吗？还是觉得黛比仅仅是"运气很好"？在坚持两年艰苦写作而毫无收获时，换作是你，你会不会考虑放弃这项"没有前途"的事业？乖乖地回到现实中，帮助丈夫分担家里的经济压力？

黛比却没有那么去做，即使她的丈夫希望她放弃写作事业，但她却在想着如何挤出时间写作，而根本不会考虑放弃。所以黛比能够成功，而大多数时间充裕、毫无负担的人却不能。

这就是心灵控制的力量，当你自制力坚定的时候，能量将会随之变得强大，你会吸引到好的事情发生，并让自己保持在"身心合一"的境界中。

我相信，黛比的经历可以给那些怀抱梦想，却总是缺乏自信的人最好的鼓励，你只要不放弃，坚持到底，你就会看到希望。

在你看到光明之前，我相信你会陷入到黑暗当中，你会感到恐惧，但是请你不要把"放弃"拿到你的词典中，而是最好把它丢到一边。请相信，总有一些自制力方面的弱者会去捡起它，但却不应该是你。

使用"精神刺激法"

　　不放弃，你就可以做成你想做的事，成为你想成为的人。但在行动的过程中，你总会有疲惫感和倦怠感，如果你觉得权衡利弊这样的"理性意志"方法不能有效发挥作用的话，你可以尝试使用"感性意志"的方式，通过感性的刺激来激发自己的自制力，就像一根针插入你的神经，能够让你一下子为之一振。

　　当然，我只是打个比方，你不要为了体会那种感觉，真的去拿针伤害自己。在这本书里，我们传授的方法都是从心灵控制理论的角度去做的，不会涉及任何危险的动作，那不是我们所希望看到的。

　　言归正传，说到"感性意志"，你可以想象一下，生活中有哪些短暂的经历曾让你"怦然心动"，触动过你的神经？这个问题我也在课堂上问过我的学员。

　　一位男士很踊跃地回答："就在最近，我在加油站碰到过一个美女，她是我见过的最漂亮的女孩。我当时心就'怦怦'地跳了起来，可惜啊，后来没有发生什么。"

　　"哈哈哈。"全场报以笑声和掌声。

"好的，还有人想说说吗？"

"在我上中学的时候，曾经被一部电影里的恐怖镜头吓到过，"一位女士主动发言，"我以为那只是一部很常规的电影，但没想到突然从背后出现的面具杀手，把我吓了一大跳，这让我很长一段时间内都不敢一个人走路了。"

"是的，我相信那刺激到了你的神经。"我点点头，"继续，看看谁还有更有意思的经历？"

一位年轻的小伙子说："我在几年前尝试了一下'蹦极'运动，那种瞬间从天上掉下去的感觉，让我身上的每个毛孔都张开了。我一辈子也忘不了那个瞬间。"

另一位女士说："我曾经在一家餐厅里见到过汤姆·克鲁斯，他离我是那样的近，我激动得手心出汗，但是我当时没有勇气走过去和他打招呼。到现在我还能想起他在对面桌上说笑的样子。"

"唉。"大家都替这位女士感到可惜。

……

你看，每个人在人生的不同阶段，总会遇到一些让他们怦然心动又难以忘记的事情，而这些事情从视觉、听觉、触觉等方面刺激着人们的神经，这就是"感性意志"的基础。

当然，我这么说并不意味着在你意志不坚定时，你可以用欣赏美女、看看恐怖电影、玩蹦极等方式来刺激自己的神经，但是你总能找到一些方法，可以激发出你强大的自制力和对成功的渴望。

我的朋友米勒先生是一位值得尊重的人，他白手起家，用几十年的时间建立了一家大型印刷公司，按理说他已经到了该退休的年龄，但是每次看到他，我总是被他高昂的斗志和充满激情的工作态度所感染。

"你是找不到接班人吗，米勒？"我一边和他品味着手里的威士忌，一边开着玩笑地说。

"我的大儿子商学院毕业，并在我的公司里工作了多年，他熟悉每一个环节。"米勒微笑地说，"我相信他能接替我的位子，而我的女儿也在通用电器工作多年，她应该也没有问题。"

"那不很好吗？你可以退休了，打打高尔夫、出海钓钓鱼。"

"不，我不想停下来，"米勒顿了顿，接着说："我有一个秘密，我很少与人分享，今天不妨和你说说吧，老朋友。"

"洗耳恭听！"我立刻打起了精神，很想听一下这位成功企业家的秘密。

"那是很多年前，我还没有创立公司，只是一家小型设备制造公司的员工，挣得也不多。那家设备公司的老总林肯先生是一个很友善的人，他记得每一个员工的名字，包括我的。有一年，我被评选为当年的最佳员工，除了一定数额的奖金以外，林肯先生邀请我去他家做客，这对任何一个员工都是一种莫大的荣誉，对吗？"米勒看着我。

"是的，那是一种荣誉。"我点点头。

"我很高兴地去了他家，那是郊区的一栋小型别墅，真是太漂亮了，精雕细刻的楼梯，各种精美的摆设以及宽敞的花园，我从没有进到过这样的房子里，我在那里度过了一个愉快的晚上。回到家时，我的母亲正在那里玩填字游戏。我看到自己又小又老的公寓，便对母亲说：'妈妈，我今天去了一个真正的别墅，我将来也要住在那样的房子里，当然，我也要让您和我住在一起。'你猜我的母亲说了什么？"

我摇了摇头，表示实在猜不出他母亲说了什么。

米勒拿起酒杯，抿了一口酒，声音有些大地说："她抬起头，很认真地看着我说：'米勒，我劝你老老实实地活着吧，你这辈子都不可能住到别墅里！'她真的是那么想的吗？这是一个母亲对孩子的'鼓励'吗？我本来愉快的心情立刻一扫而光，回到自己的小房间里发呆。"

"我能感受那种滋味。"我点点头，想象着那个画面，心里十分理解。

"是啊，我恐怕一辈子都忘不了，我母亲对我说的那句话和那个场面。每当我松懈的时候，我都能听到她说的'你这辈子都不可能住到别墅里'，这就像一根针，刺痛我的神经，让我一刻都不能停下来。这就是这么多年来，我一直在勤奋工作的秘密，我早已原谅了我的母亲，但是我却忘不掉那个情景。你可以理解吗？"

"是的，我非常理解。"我举起酒杯，向他致敬。

这就是米勒先生的故事和他的秘密。从"感性意志"的角度来说，米勒母亲的话（听觉）和当时的场面（视觉），就形成了强烈的精神刺激源，能够不断激励米勒为事业打拼，最终帮助他成为优秀的企业家。

根据我的研究，这种非正向的激励往往更能激发人们的自制力，特别是涉及尊严、形象、地位等方面，对人的刺激效果更明显。对于自制力不够强大的你来说，仔细想一想，你能否找到这样的蛛丝马迹呢？

不妨拿出笔来，试着想一想、找一找吧！

我曾经被 ＿＿＿＿＿＿ 深深地刺痛过，我永远不会忘记 ＿＿＿＿＿＿。

我曾经看到 ＿＿＿＿＿＿＿，我会经常用那次经历来提醒自己。

我曾经遭遇过 ＿＿＿＿＿＿，我希望自己一辈子都不再遇到同样的事。

抱怨会让精神力量流失

谁都知道，抱怨并不能解决问题，反而会让情况变得更糟。但是，在今天抱怨几乎成了人们生活的一部分。

街头巷尾，你能听到人们在抱怨各种事情：经济不好、裁员、不听话的孩子、物价、情感生活、学习、体重、健康，等等。没有什么是不被人们抱怨的，这是一个充斥着各种抱怨之声的世界。

静下心来，想想我们抱怨的过程，你能得到什么？除了心理上的安慰，你什么也得不到。不是这样吗？你真的得到快乐了吗？还是你解决了问题？

我也曾经为小事抱怨过，还记得 2009 年的冬天，我要坐飞机从芝加哥到纽约进行一次演讲。我憋着一股劲，要知道纽约的听众可是全世界最挑剔的，我要带给他们真正的自制力演讲，一次震撼心灵的演讲。我拎着行李箱，早早就到了机场，一边翻看演讲的提纲，一边等着登机的广播。

起初，我可以安安静静地看着手上的提纲，做着记录，但随着时间的推移，我心里起了一些变化："怎么还不登机？"我看了看时间，已经距离飞机起飞的时间不到半个小时了。"怎么回事？"我扭头问了身边同行的乘客，他们也表示不知道。

　　还有几个人开始不停地走到登机口询问情况，后来，有个人垂头丧气地回来对我们说，因为天气的原因，我们要乘坐的飞机还没到呢！

　　这个消息让我一下子火冒三丈，虽然距离演讲还有足够的时间，但是谁愿意在机场冷冰冰的座位上等好几个小时。我开始和坐在身边的人说："我上次坐飞机就晚了 3 个小时。"

　　旁边的那位女士点点头，也十分生气地说："可不是嘛！我相信我在纽约的女儿早已经出发到机场准备接我了，我真不想让她等那么久！"

　　"是啊，纽约的交通那么差，估计你的女儿一定出发得很早。唉，看来今天我大部分时间都要浪费在路上！"

　　另一位男士也加入了我们的对话，很无奈地说："咳，各位，天气不好，有什么办法啊？"

　　"天气不好？他们卖票收钱的时候可不是这么想的。他们浪费了我们多少时间，难道我们的时间不值钱吗？"

　　就这样，我坐在机场里和其他乘客你一言我一语地开始抱怨，直到飞机晚点两个小时到达后，我们才闷闷不乐地登机。

　　我坐在飞机上，拿出演讲的提纲继续准备，却发现自己的情绪被刚才发生的事情弄得很差，感觉自己根本看不进去。

　　这让我感觉很糟糕，我开始回想这个过程，我得到了什么？在得知飞机晚点后的那段时间里，我无法耐心地准备演讲，我开始像个"小怨妇"一样和身边的人抱怨我的不满，情绪变得很糟糕。我坐在飞机上，糟糕的情绪同样让我无法集中注意力，我还要花时间想为什么自己会这样。

抱怨没有让我得到任何我想要的东西，反而使我浪费了自己宝贵的时间，转移了我的注意力焦点。是的，抱怨让我失控了，我没能在正确的时间做对的事，这真是可惜。还好我不是讲心态的专家，那样我一定会被别人笑掉大牙。

并且我发现，我那股准备给纽约听众带去震撼演讲的劲头，已经被抱怨所造成的坏情绪所替代，我的力量被削弱了。

不知道你是否也有同感，当你兴冲冲地去做某件事时，在你大展拳脚之前，你遇到了点小困难，当你解决了问题心情恢复平静之后，那股兴冲冲的劲儿却没了。情绪上小的转变，对人们行为的影响太大了。

试想一下，如果我们能停止这种毫无意义的抱怨，情况会是怎样的？我会继续高高兴兴地看着演讲提纲，等待飞机起飞；你会继续兴冲冲地完成你的计划，并得到你想要的结果。我们做什么事都能在自己的控制之内，我们的自制力就不会受到冲击。

我曾经在一本书上看到一个训练方法，它讲的是如果你想抱怨，就找个没人的地方，双腿站直，然后举起双臂开始抱怨，直到你累了，你手放下的那一刻开始停止抱怨，当你想抱怨的时候再重复这个动作。

对于这个方法，我询问过我的学员，有的人曾经尝试过，他告诉我这并不能解决抱怨，只能锻炼臂力。人们顶多会养成一边举胳膊一边抱怨的习惯。这真是可笑。

那么什么方法可以做到不抱怨或减少抱怨呢？你必须从心里学会接受事实，改变你的反应，否则一切都无法停止抱怨。我推荐你试着去做感谢的练习。

这个练习非常简单，就是当你想要说出抱怨的话时，把它们变成一种感谢。比如：

　　"飞机晚点了，我要坐在候机室里等多久啊！"→"感谢飞机晚点，我还可以继续看我手上的材料，多准备一些功课。"

　　"领导提拔了他，他哪比我做得好啊？！"→"感谢领导提拔了他，我对摆脱现状有了更大的决心，我要更努力了！"

　　"高速公路怎么堵成这样，我的屁股都坐麻了！"→"感谢一下拥堵的交通吧，我可以一边听着音乐，一边想想下个阶段的工作计划！"

　　"今年的经济真不景气，物价涨得太快了！"→"感谢恶劣的经济环境，等我扛过这个'冬天'，经济复苏后我会更快乐！"

　　……

　　你发现没有，其实很多事情都有两面性，当你抱怨事物的一个方面时，你就等于忽视了它好的一面。而恰恰是那好的一面，能够让你获得更大的成功和快乐。

　　如果你能真正做到这么去思考问题，养成习惯后，你的抱怨会越来越少，你会活得越来越快乐，自制力呢，也会越来越强大。

◇有效练习 3　做一件自己害怕的事

当然，我不是让你去杀人、抢劫银行、抚摸眼镜王蛇，或者深夜去 Bronx 区（纽约治安较差的一个区）闲逛。我是说，做一件挑战自己恐惧感的事吧，在安全范围内。比如，可能你怕黑、怕尴尬、怕独处、怕失败、恐高、怕表达感情、怕跟陌生异性说话、怕当众演讲、怕讨价还价、怕别人不高兴……

找出一件你害怕的事情，用自制力去打败它吧，然后你会发现，自我感觉会前所未有的良好。

我的一位学员，来自尼尔森公司的马索，他害怕失败，害怕完不成销售任务而被骂。我告诉他："马索，我能明白，我也害怕完不成任务被骂被嘲笑。可是，比被骂更可怕的是整天害怕这件事。你说呢？"马索表示同意，于是我们决定挑战他的恐惧。

根据我之前讲过的步骤，马索在我的指导下开始了他的练习。

Step 1　认清恐惧

就像我前面讲到的那样，你心里的恐惧其实不是真的，完全是你自己的想象，所以我让马索牢记自己所造的句子：

　　我想要扩大销售业绩，但我会幻想完不成任务而被领导臭骂，其实是我把自己吓到了。

Step 2　制订目标

　　我问马索，你以前是不是经常完不成业务被领导骂？他说不是的，自己从来都能完成目标。只是，他自己会感觉羞愧，因为他给自己定的销售量和新人一样。

　　我问他现在每个月的目标额是多少，他说是 2 万美元。"上个月的销售冠军呢？他完成了多少销售额？""87 万美元。"马索小声说。"那好，我们的要求稍微低一点，你下个月的目标额度就是 80 万美元了。"我对马索说。他猛地抬起头："你疯了！我才不可能完成那么高的销售额，我一定会被领导骂的，也会被大家嘲笑的！"看我不像开玩笑的样子，马索急了。

　　但最终他被我说服了："我们本来就是要做一件让自己害怕的事。"

Step 3　重建信心

　　据说，当马索报出自己下个月的目标时，整个公司都沸腾了，连领导都吃惊地拍了拍他的肩膀："加油，好好干！"可是马索知道，他其实害怕极了，完全没有信心完成任务。

　　我告诉他，你现在要做的，是牢记你想要的结果，努力做到"身心合一"，因为你的身体和思想没有任何一部分是分离的，它们是彼此的一部分，也是整体的一部分。如果你能做到身体和思想的统一，你才能主宰你的行为。

我跟他说，想想看你跳伞的经历吧，第一次跳伞的时候，你是不是特别害怕，不敢往下跳？但是现在你有了好几年的跳伞经历，就再也不恐惧了吧，因为你知道不会有伤害你的事情发生。这也正是重建信心的核心理念，你是安全的，没有必要担心。

这个月里，每当想要放弃的时候，马索都会给我发邮件或者打电话，我会帮他权衡利弊，给他鼓励。而马索表现得也相当勇敢，虽然仍然担心，但他坚持下来了。

Step 4　接受结果

最后，这个月过完了，马索的销售业绩是 37 万多美元，连目标的一半都没有完成。但是，这已经超过他去年一整年的业绩了。马索失败了。

这个让马索害怕的失败，结果却不是他想象的那样。领导没有骂马索，而是笑着拍拍他的肩膀："小伙子，好样的！"连马索自己也没有感觉到失败的痛苦，他也觉得自己很棒。我告诉马索，他真的很棒，不仅是因为他这令人骄傲的业绩，更因为，他真的做了一件让自己害怕的事。"如果领导真的骂你了，也没什么了不起对不对？"马索表示赞同。他发现，自己害怕的其实不是被领导骂，而是自己否定自己的同时被领导骂。

马索完成了那最后的一跃，虽然他失败了，但这不算是一个特别糟糕的结果，不是吗？换作是你，你可以做到吗？请记得，你挑战的"害怕"越多，你就会觉得自己越有能力。

第四章

扭转情绪，保护你的自制力

总有不想发生的事会发生

有一次在纽约的超市里，我听到一个女孩子在打电话，显然她的状况不大好，头发凌乱地盖在脸上，看不清脸庞，但声音显示她在哭："……全世界的人都不爱我。我那么爱他，为了他来到纽约，自己一个人，做着一份女招待的工作，每天都要面对一些粗鲁无聊的顾客，他怎么可以背叛我……"整个超市里回荡着她哽咽的声音。

我想了想，走到她身边开口了："打扰一下。"看她抬起红肿的眼睛看着我，我问她："你喜欢看《唐顿庄园》吗？"她疑惑地看着我，不知道我是什么意思。

我自顾自地继续说道："我喜欢里面的一句话，'我们都有伤疤，外在的或内在的。亲爱的，你和我们没什么不同，记住这点（We all carry scars, Mr. Bates, inside or out. You're no different to the rest of us, remember that）'。"

看她依然警惕地瞪着我，没有开口说话的意思，我笑了笑，跟她挥手："祝你好心情。"我不再努力，任何人，甚至天堂地狱都不会给你慰藉，只有我们自己能。

20 多年前，我也有过这样的时光。我很想告诉自己，我的职业生涯特别顺利，一开始就大受欢迎，帮助很多人增强了自制力，这让我感到非常骄傲。但事实上不是这样的，第一次演讲，我做了充足的准备，提前一周张贴了大幅海报，印发了不少传单。

然而到了演讲那天，我数了数……一共 8 个人，他们全都是前来捧场的朋友。我免费讲给大家听，都没有人肯花时间在我身上。毫无疑问，我的感觉糟透了。而那场演讲，尽管内容我早已烂熟于心，但我还是紧张，讲着讲着，我开始结巴，一不小心还说错了几个单词，然后大脑一片空白，忘了接下来的内容……

那时候，我觉得自己是世界上最大的失败者，我的人生从此完了，再也看不到一点光明。看到朋友们安慰的眼神，我更加沮丧，这不是我要的，我要的是赞赏的目光！

买了啤酒，回到公寓里，我放声大哭，像我这样的人，还配谈未来吗？好几天，我不发一言，不接电话也不见人。后来我想明白了："好了，痛苦结束了。自己的自制力这么差，还有什么资格去教别人？从今天起，我要积极地接受一切，接受失败、接受挑战、接受折磨，不管什么事，我都会勇敢地去接受。"

以后的 20 几年，我都是这么做的。我对没有价值的东西没有耐心，我知道总会有一些不想发生的事情发生，那么我要让它变得有价值，就连痛苦，也要有价值。我要采取行动，就这样。

后来我发现，正像《唐顿庄园》里的那句话一样，我们每个人都有伤疤，这是正常的。我的一名学员，已经是瓦莱罗能源公司的一名高级管理者，他给我们讲了自己的故事：

"那天，轮到我上台解剖青蛙，我特意穿了自己最好的一件衬衣，充满信心地走上前台，微笑地看着大家拿起了解剖刀。整个解剖过程我练习过很多次，已经非常熟练了。

"这时候，一个声音从教室后面传过来：'好棒的衬衣！'

"我装作没听到。但那个声音又响起来了：'这件衬衣是我爸爸的，他妈妈是我家里的佣人，她从我们家送到救济站的口袋里拿走了它。'

"大家都盯着我的衬衣。我站在讲台上，握着解剖刀的手变得僵硬，大脑一片空白，我从来没有那么尴尬过，一言不发。我的生物老师让我开始实验，但我仿佛没听到，沉默着站在那里。他重复了一次，我还是一动不动。最后他让我下去了，给了我 D，我从来没有拿到过那么差的成绩，以后也没有过。"

讲到这里他的声音也哽咽了，大家用掌声给他鼓励。

可能你和我都很难想象，一个小男孩是怎样熬过了那么难堪的状况。多年以后，当他拥有了财富和地位，依然对那件事情难以忘怀。但无比幸运的是，他是出众的，不管是才华，还是自制力。

亲爱的，当那些不想发生的事情发生时，我们总想把责任归咎于他人。如果没有人可以指责，我们往往责备自己。不管是哪种，情绪都会变得很差。我想说的是，尽管自己渺小、孤独，但我们可以奋斗，我们通过战胜自己来改进自我，而自制力和坚持可以帮你征服一切困难！

15 秒钟可以改变你的一生

　　如果你像我一样注意观察，就会发现，情绪不好的人一眼就能被看出来，他们整个人就像笼罩在一层灰蒙蒙的雾中，每次一看到这样的人，我的内心就会响起警报："看啊，那个人，今天一定碰到了倒霉事，我还是离他远点吧。"

　　而情绪积极的人，就像总被阳光照耀着那样，每次看到这样的人，我心里会想："嘿，那个人让人感觉真好，我去听听他有什么好事儿吧。"就这样，好情绪的人会把别人吸引过来，让人更愿意接近你。

　　好情绪带给你的，当然不止这些。让我们通过汤米·斯特雷的经历，来一起感受情绪对自制力的积极作用。

　　汤米是大都会的保险推销员，他在刚进入这个行当时充满激情，每天都积极地工作，期待好业绩的产生。但事实并不如他所愿，初入销售行业的人往往缺乏经验，即使他每天打出 200 个电话，最后能成交的也寥寥无几。

　　回到租住的、冷冰冰的公寓里，汤米陷入了沉思："难道我真的不适合做这行吗？"他的情绪陷入了底谷，他每天都在努力地打电话、推销产品，但是却没有什么成效。或许，很多销售员都遇到过这种情况，然后他们轻而易举地就会放弃自己，转行做了别的。

汤米也是这样，他打定主意，想工作到月底就辞职。既然做出了这个决定，他工作起来也没有那么高的积极性了，打电话的频率也变慢了很多。

但是没几天，情况发生了一点微妙的变化。那天，汤米照样被一次又一次拒绝，他的声音也变得越来越冷漠，就像你在一名满脸不耐烦的快餐店小弟那里听到的声音一样。然而这时候他突然接到一个电话，朋友说自己有一张当天晚上丹佛野马的比赛门票，他去不了了，问他是不是感兴趣。"当然！太棒了，那可是我最支持的球队！"汤米开心极了。

放下电话，激动了一阵儿以后，汤米还是要继续工作的。这一次，电话接通以后，他的声音听起来轻快极了，而恰巧，这是一位同城的客户，正需要一份时间很长保障力度比较大的保险，而汤米恰好给他打了电话过去，于是，还没等汤米介绍完，只用了 15 秒钟，一笔单子成交了！

汤米简直不敢相信，自己怎么会这么幸运！而那天下午，他也"莫名其妙"地做成了两单销售，连同事都好像对他刮目相看了。

这一下，可把汤米高兴坏了，他对自己说："看，汤米，你并不是最差的，或许你还能成为下一个乔·吉拉德或汤姆·霍普金斯，哈哈。"

也许是前一天晚上的球赛太精彩了，当然也有可能是前一天的业绩很棒，第二天，汤米的情绪变得非常不错，他开始积极地打电话，而这一天，他也推销出去了一份保险。主管还在下班后的例会上当众表扬了他："大家看看汤米，他找到感觉了，他会越做越好的！"

领导的肯定，让汤米的积极性变得更高，在这之后，他不光积极地做推销，还自己买了很多推销方面的书籍与光盘。他给客户做推销时更自信也更热情，推销的工作步入了正轨。他能够更有耐心地说服客户，这种"纠缠"让他提高了不少成功率。很快，他成为公司里业绩最出色的人之一。

汤米说："一想到我又能卖出一单，赚到钱，我就兴奋地早早跑到公司去上班。"别人问他："那如果你今天没卖出去一单呢？"汤米坚定地回答到："那我要在明天挖掘更多的客户，赚更多的钱！"

你看，负面的情绪让汤米产生了放弃的念头，但是一个微妙的转变，就激发了汤米的积极情绪，情况发生了根本性的变化。汤米还是那个刚入行没多久的销售员，只不过因为情绪发生了变化，他做事的态度和持久性都发生了变化——他的自制力变强了。

现在，没有人能说服汤米放弃销售的工作，也没有人能阻碍他充满激情地面对各种拒绝，汤米成为了积极情绪的受益者。

你瞧，15 秒钟改变了汤米的一生，这是他自己绝对没有想到的。我们不知道属于自己的那 15 秒钟什么时候会到来，那就要一直做好准备。用你的自制力和好情绪，迎接它。

无论你从事什么工作，想要完成什么计划，请在心里问自己这样一个问题："我，现在处在怎样的情绪中？是疲惫还是轻松？是消极还是积极？是失落还是斗志昂扬？"

如果你的情绪是积极的，恭喜你，保持住；如果你的情绪是负面的，你必须要做出改变！

情绪转换的可能性

除了运动性疲劳以外，多数情况下，让我们感到疲惫的，是长期做一件事所带给我们的情绪。你可以理解我这句话吗？

我的邻居维克多一年前买了个鱼缸，并养了几条热带鱼。在最开始的日子里，他饶有兴趣地给鱼喂食、换水，还总邀请我去他的客厅观赏，我们一边看着鱼在缸里游来游去，维克多一边给我讲这些小鱼有趣的故事。过了一段时间，我再去他家喝茶的时候，他好像忘了家里还养着鱼似的，不再和我聊它们的话题。又过了一段时间，我再去他家时，鱼缸没有了。

我很好奇地问维克多："伙计，你那些漂亮的小鱼呢？"

"我送给托德了，就是住在对面街，那个天天戴着帽子的人。"

"嗯，我知道他，可是，为什么你不再养它们了？"

"你可不知道，每天'伺候'它们有多烦！你得给它们喂食、换水、调节温度，折腾半天，它们还是那样傻傻地游来游去。我觉得太累了，就送给了托德，哈哈，那个家伙有的是时间。"

从维克多的话里，我能感觉到，每天都做喂食、换水的事，让维克多感到疲倦，他从养鱼中获得的快乐已经消失殆尽，转而变成了一种厌烦的情绪。我猜他一定这么想过："嘿，你们这些该死的鱼，怎么还活得那么快乐，我都要累死了！"

事实上这就是我说的，长期重复做一件事，人们的潜意识里会产生疲惫感，这其实是一种典型的情绪。这有点像审美疲劳，你买了一辆再贵再好看的车，开得时间久了，你对它的喜爱感也会逐渐降低，这是因为你天天都能看到它。

比如工作这件事，你明明知道工作可以带给你满足生活的薪水，以及升职加薪的机会，但是你工作一段时间后，不自然地你会想："每天都做这些事情，有什么意义啊？"你的疲惫感并不是因为你消耗了多少体力，做了多少运动，只是因为你每天都在做同样内容的工作。

因为疲惫感的产生，你会发生微妙的变化——你的情绪开始趋向消极了。你会开始这么想：

"每天都要去上班，真烦啊！"

"每天都要写报告，真没意思啊！"

"每天都得打好多电话，真枯燥啊！"

"每天都要做第二天的计划，真麻烦啊！"

"每天都要听他们汇报工作，真啰嗦啊！"

……

这样想存在什么问题呢？人们会根据自己的想法不自觉地去寻找答案，也就是说，意识焦点发生了变化。例如你对每天都上班感到疲惫，你的潜意识会给你一个答案：辞职；你对每天写报告感到疲惫，你的潜意识会告诉你：不写。

没错，在这种情绪和你潜意识的影响下，你的自制力变弱了，你坚持不住了！你的计划泡汤了！你的好习惯终止了！你的目标实现不了了！

这是你希望看到的吗？

既然消极的情绪会导致你的自制力减弱，那么反过来会怎样呢？如果我们在做某件事时，让自己保持积极的情绪，我们的自制力是否会增强？答案是肯定的。

我们活着的每一刻，都可以选择自己想要的情绪。我掌握了很多情绪转换的技巧，讲给学员以后，会让他们选择自己喜欢的那一种，并且分享给大家听。

来自卢普西区的马歇尔说："我特别生气的时候，就尽可能放慢呼吸的速度，对，就是这样，深深地、慢慢地吸入氧气（他一边说着，一边放慢了语速，给大家演示），仿佛我吸入的是灭火剂而不是氧气，我会很快平静下来，找到正面的情绪。"

而雅培的艾莉尔女士喜欢给自己口头提示："我会提醒自己，'够了，这样糟糕的情绪到此为止吧''啊哈，你又需要提示了'……效果挺不错的。"艾莉尔女士是个自制力本来就很强的女性，所以她能够很快地在提示下转换情绪。

热情的克拉克选择了"离开"，他说自己在情绪出问题的时候，会换个环境，走到另一个房间，哪怕只是转个身不让自己看到生气的人或事，都会帮助自己跳出糟糕的情绪。

　　而我最喜欢的办法，是"冥想"。比如，我会盯着从百叶窗透过来的光线在办公桌上形成的奇形怪状的阴影，盯着它们看一分钟。这时候我什么都没想，大脑一片空白，但是能给我带来惊人的平静。一分钟以后，我的情绪已经转换成积极热情的了。我会盯着看的还有杯子、绿叶、波浪、大街上的人群和车辆等。

　　你也可以试着选择一些方式转换情绪，其实关键步骤不是方法，而是你意识到，自己需要改变。意识到以后，你要下定决心。当你选择了转换情绪，相信我，一定会有办法帮你实现。

征服情绪那头"大象"

既然情绪会影响自制力的强弱，我们就有了一个新的自制力练习的方式——控制自己的情绪。情绪是可以被我们控制的吗？很多人不相信这一点，他们认为自己征服不了情绪这头"大象"。

从心灵控制的角度来说，人们也有一种天生的"兴奋剂"，这就是斗志。斗志是一种伟大的心理状态，一个具有高昂斗志的人，就像被扎了一针兴奋剂，能够完全忽略痛苦和磨难，始终保持"兴奋的状态"。这种状态下，他们的自制力会始终保持在较高的水平，控制情绪也就是小菜一碟了。例如前总统林肯、传奇将领乔治·巴顿将军、大发明家爱迪生、石油大亨洛克菲勒等，都是充满斗志的人。

但遗憾的是，和旧时代相比，今天这个时代的人总是缺乏斗志。因为我们的生活不像旧时代那么艰辛，我们有太多可以娱乐自己的事情，你总能找到逃避痛苦、放松自己的理由和方式。这也是为什么大多数人自制力薄弱的原因——他们根本就没有征服情绪的斗志！

很多人都对我讲过，每当他们遇到困难走不出来时，或重复着单调的生活工作时，他们的好心情都会消失得一干二净。他们看到我每天情绪激昂地演讲、充满热情地忘我工作，很好奇地问我："你的斗志是从哪里来的？"

是啊，我的斗志是从哪里来的呢？对我来说，斗志源自我内心的渴求。我是一位研究自制力并传授训练方法的教授，一直以来，我都渴望通过自己的研究和教学，能够帮助更多的人改变自己的命运。

这不是在欺骗你，当我疲惫的时候、心情差的时候，密歇根州的威廉打来电话，他对我说："谢谢你教授，我现在已经被提升为主管了！"当我困顿的时候，收到了来自丹佛的信件，是瑞秋特地写给我的，她已经成功地戒掉了很多坏习惯，她感到很快乐。

每当我知道学员们的进步时，分享到他们成功的快乐后，我的心里好像被点燃了一把火，我愿意投入更多的时间、精力去研究自制力的训练方法，我希望每一天都能听到学员们传来的好消息，这种感觉真让人兴奋！

我希望有一天能看到这样的景象：无论是在华尔街的基金公司，还是宝洁、GE 这样的 500 强公司，或是艺术、体育、影视、文学等各个行业，都有因为受益于我的自制力训练而成功的人。

对，我就是这样激发自己斗志的！心里的渴望和对未来的愿景，这是来自我们内心深处的力量。想想看，你能找到这股力量吗？

你的渴求是什么？你是否能时时刻刻记住它？

你的愿景是什么样的？你能否每天起床时都能看到它？

写下它们，记住它们，当你感到疲惫、厌倦和困顿时，拿出来看一看，冥想一会儿，给自己鼓一下掌，或大喊一声，我相信你的斗志又会熊熊燃烧起来。对了，它来了！

除了从我们自身的渴求中激发斗志，跳出坏情绪以外，我们还能借助外界的力量。例如你的竞争对手、你的敌人，和那些折磨过和正在折磨你的人和事。

你不妨想一想，有哪些人和事总在处处刁难你，你的竞争对手是否正在耀武扬威，还有哪些让你不快乐的，你都可以把他们想象成你的"敌人"。当然，我的意思并不是你要走过去"痛打"他们一顿，而是通过自己的努力证明给他们看：我可以做得更好，我就是最棒的，你们都给我"靠边站"！

你可以偷偷写下这个"敌人"的名字，或为难你的事务，把它放在你的抽屉里或贴在自家的镜框前，然后暗自下工夫去战胜它，我相信你可以做到这一点。因为，斗志一旦被激发，就没有什么可以阻止你朝着目标前进，情绪当然也不例外。

最后，总结一下征服情绪、激发斗志的两个通道：一是来自自己内心的渴求，用这种渴求来不断提醒自己；二是来自外界的竞争和对抗，用你心里的"敌人"来点燃你的斗志。无论你采用哪一种方式，对你最管用的就是最好的！

不要和世界对抗

　　我的一名学员告诉我，为了戒酒，他参加了一个匿名的戒酒协会，他们的一则誓词非常有趣："感谢上帝告诉我们有些事情不可改变，感谢上帝给我们力量去改变一些事情，感谢上帝让我们区别这两件事情。"

　　这句话充满了智慧。我每天都在努力帮助人们拥有强大的自制力去对抗各种诱惑，但是我从不和世界对抗。相反，在那些不想发生的事情发生时，我会用自制力去扭转情绪。不能改变的事情，那就接受它，不要和世界对抗。与这个世界和平相处，会让自己免于受伤。

　　有一部电影我非常喜欢，名字叫《土拨鼠之日》（Groundhog Day），如果你没听说过，可能是因为你太年轻了，毕竟，它是20多年前上映的。

　　电影的主人公菲尔（Phil），是一名气象播报员，他一点也不喜欢自己的工作，不喜欢身边的人，甚至连自己也不喜欢。他认为自己的生活简直一团糟，"我今天做了件傻事，碰到了两个讨厌的人，说了N句蠢话，还错过了一次艳遇，我好后悔。如果今天可以重来，我会躲掉讨厌的人，抓牢艳遇的机会，我会过得完美无缺……"

你们可以想象到，他身边的人也不会喜欢他。

一切在土拨鼠日（2月2日）那一天改变了，菲尔满心不情愿地去普苏塔尼小镇报道土拨鼠庆典的新闻。这已经是第四次了，他早已心生厌倦，更何况他本来就对这种节日嗤之以鼻。他例行公事地完成了工作，毫无疑问，情绪不怎么高。收拾东西想要赶回家的他，却遭遇了暴风雪，他不得不继续留在这个小镇上。

然后，神奇的事情发生了，第二天早上醒来，他发现周围的一切都是昨天的重现！一开始他不敢相信，后来开始紧张、不知所措，甚至怀疑是自己疯了，或者是在做梦。过完噩梦般的这一天，他希望第二天早上醒来，一切会不一样。可是，以后的每一天，他早上醒来时，都是相同的一天：永远都是土拨鼠日！

就好像是上帝听到了他的心声那样。今天一直在重复，而且，每天发生的事情永远都是一样的，永远都会在那个相同的时间，出现相同的人、发生相同的事：每天早上会有个人跟他搭讪，有个老太太会跟他聊天，谈论早餐和天气，路上会遇到乞丐，遇到卖保险的往日朋友……

在经历最初的迷茫以后，菲尔变得狂喜，什么法律、责任、道德，一切限制统统见鬼去吧，他开始为所欲为。反正，不管他做了什么，第二天，一切都会重新开始，他根本不用担心受到惩罚。一切都那么顺利，除了赢得他的同事 Rita 的芳心。

终于，这一切让他厌倦了，他觉得自己做的一切都是白费力气。开始尝试各种自杀方法，上吊、跳楼、撞车、自焚……没有用，第二天，噩梦又重新开始。

幸好，菲尔是个聪明人，他想通了，不再想要逃离这个上帝的祝福或者诅咒，不再和世界对抗。他选择接受，选择转变自己的生活态度。他不再干坏事了，变成了一个每天到处去帮助别人的好人，他给街头老人食物，帮同事带早餐，宁可毁掉约会也要去救一位噎着的老人……他还开始努力学习，读书、写诗、弹琴、冰雕……

慢慢地，傲慢刻薄的菲尔，成了全镇最受欢迎的单身汉。而在他赢得 Rita 的心，两人共度良宵的第二天，时间变成了 2 月 3 日。

第一次看到这部电影时，我还很年轻，正在经受各种打击，它让我对自己的事业和生活进行了认真的思考。在那些艰难的时刻，我还可以改变自己的行为，改变自己的态度，改变自己的情绪。也许，我也能像菲尔一样改变自己的人生呢?

我的另一名学员卡瑞娜跟我们分享过她的经历："我母亲弥留之际，我才十几岁，觉得简直是世界末日。我痛不欲生，但一个阿姨告诉我，你还有几十年的时间可以痛苦、堕落，但不是现在。当着她的面，我的自制力一下子回来了，马上停止哭泣。我明白了，有些事情我没有办法改变，只能接受它。但我的情绪，是有可能推迟的，也是有可能改变的。"

是的，就是这样。当这个世界让你感到不快的时候，不出意外，坏情绪会很快到来，你可以试着做点什么补救。你可以用自己喜欢做的事来淡化这种情绪，例如喝咖啡、摄影、看一集电视剧、和朋友聊十分钟电话，等等。当你情绪由"阴"转"晴"之后，接下来该做什么事情，你会做出聪明的判断。

积极的心理暗示

我认识的一个人，遭遇了非常可怕的事情，他因为一场车祸失去了双腿，只能在轮椅上生活。有一次，一位年轻的女孩子问他："真遗憾，你被禁锢在轮椅上，感觉很糟吧？"

他微笑着回答："不，我没有被轮椅禁锢，而是被它解放了。如果没有它，你只能在我床边跟我说话。"

你瞧，这就是积极的心理暗示。

下一次，如果你情绪不佳，不妨停下你手上的一切工作，不要再去想乱七八糟的事，握紧拳头，看着远处对自己大声说上 10 遍："I feel good（我感觉很好）！"如果你能越说越有使劲，那样更好。

怎么样，你是否真正感觉到了一点微妙的变化，这种短暂的重复会让你的情绪变得积极一些，它虽然停留时间不长，但是你还是捕捉到了它。这是一种情绪调整的策略，原理在于你给自己做了重复的心理暗示。

想想这种情景，你列了单子去超市买东西，但是回到家却发现自己买了很多自己用不上的商品。为什么会这样？你回忆起来了，原来在超市的特价区，你看到总有顾客在购买打折的一款商品，于是你不自觉地也拿了起来放入购物车。这不是简单的从众心理，而是你看到不断有人买同样一件东西，会对你产生一种心理暗示：这个商品不错，我也买一件吧。

再想想这种情况，你是一个萨克斯爱好者，客观来说你吹得不怎么样，虽然能完整地吹出一段旋律，但是节奏和力度都把握得不好。但所有听过你演奏的人，出于礼貌或鼓励，他们会对你说："你吹得真好听啊！"当你不断听到别人夸赞你时，你会变得非常快乐，更积极地进行练习，于是你的水平就会不断提高。

对，你会发现，很大程度上别人潜移默化地影响着我们自己的行为和情绪，这就是心理暗示的力量。积极的暗示会让你的情绪也随之积极起来，按照前面我所讲的那样，你的自制力也会随之增强。

再比如高中橄榄球联赛中那些可爱的美女拉拉队员们，她们有节奏地挥舞着手臂，做出各种高难度的动作，不断齐声喊着胜利的口号。这也是一种强大的心理暗示，对于场上比赛的选手们来说，小伙子们会想："看，那些女同学们在喊我们是最棒的，是的，我们就是最棒的，我们要用胜利来证明！"于是他们不知疲倦地奔跑，为了胜利拼到最后一秒。

现在的问题是，我们不可能指望身边能有人不断地给自己这种积极的暗示，就像你不可能指望领导天天夸奖你，你也不能指望老师总会表扬你，我们需要学会让自己成为这种积极暗示的提供者。

没错，你要试着学会自己给自己暗示。

就像我在前面讲到的那样，当你心情不佳时，重复着对自己说："I feel good！"你会感觉真的没那么糟糕了！而如果把它养成习惯，你就多了一种对抗坏情绪的办法，不是吗？

像这样简单的一句话，如果成为了你的口头禅，你会从中受益匪浅。拳王霍利菲尔德每次在比赛前、训练后、记者提问后，都忘不了跟自己说上一句："I'm the best（我是最棒的）！"这就是一种积极的自我暗示。

尽管很多时候，你暗示自己的话你并没有把握，但这并没有关系，因为反复运用这种暗示，你的潜意识里就会接受这种观点，事实也会向你期待的那样发展。对，最好把它变成习惯！

积极的、反复的心理暗示可以带给你情绪的正能量，《潜意识的力量》一书的作者约瑟夫·墨菲就是这个能量的受益者。他最早因为接触到有毒的化学物质而患上皮肤癌，吃了很多药，接受了很多种治疗，但毫无效果，反而越来越糟糕。

索性，约瑟夫开始尝试着放松自己的心情，由于他在大学里主修宗教，他想到了通过祈祷和积极暗示的方式来调节自己，希望能够摆脱疾病所带给他的糟糕情绪。他做到了这一点，开始变得和正常人一样快乐。

于是他开始不断给自己强烈的暗示，自己可以更健康更快乐的暗示。没想到的是，奇迹诞生了，几个月之后，他的皮肤癌竟然痊愈了。他把一切的功劳归结于潜意识和情绪的改变，于是改行研究起这方面来。后来他才写了这本《潜意识的力量》，成为了轰动世界的畅销书，改变了数百万人的命运。

你也想体会这种魔力吗？那就试着让自己养成积极暗示的习惯吧！

除了那些有力量的口头禅，你还可以每天都做一两次"60秒自我演讲"练习。这个练习的做法是：用60秒时间，对自己今天出色的表现，自己的天赋，优秀的能力进行肯定，也可以畅想一下你未来的目标等。

我让学员们在训练营里当众进行过这个训练，例如一位年轻的律师是这样说的：

　　"我今天感觉很好，因为我坚持早起做运动了，我感到自己身体越来越健康，自制力也在变强大。我都快控制不住它的生长了。另外，我是一个喜欢与人沟通的人，人人都喜欢和我说话，我才思敏捷，这可不是吹的，我是同行里最年轻的律师。我相信自己会成为纽约口才最好的律师，我将会战无不胜，即使格罗瑞亚（美国最著名女律师）来了，我也一样能战胜她！"

　　是的，多肯定自己，带给自己积极的心理暗示，你会有三个显著变化：更自信、更快乐、更有自制力！

热情会让你更强

无论你打算做什么或正在做什么，你都需要拿出你的热情来。热情就像汽车油箱里的汽油，它为你提供做事的动力和能量。如果有一天，你觉得自己"开不动"了，前进速度变慢了，那么，请你停下来检查一下，是不是你的"油箱没油"了！

一个很简单的道理，如果你不热爱你手上的事，只是被迫为了别人、为了活着而去做它，你能坚持做好它吗？有些人说，我能啊，我做出了承诺，我肯定能做好。可事实上，即便你能做好，你的心情能是愉悦的吗？

我认识各行各业的成功者，我们定期会在曼哈顿的希尔顿酒店里举行沙龙活动，探讨一些合作方面的事情，顺便给自己放个假。他们给我最大的印象并不是智商有多高，也不是他们有多富有，而是他们总是充满热情地做事，他们既成功又快乐。这才是我们希望自己达到的状态，不是吗？

哈佛大学心理学院的一项研究表明，热情是一种精神特质，能够弥补一个人20%能力上的不足，但缺少热情，一个人只能发挥自己50%的能力，这是多么可惜的事。

拿破仑·希尔是世界上最伟大的励志作家和演讲家，他对热情的力量十分推崇，他曾经说过："热情是一种意识状态，能够鼓舞和激励一个人对手中的工作采取行动，不仅如此，它还具有感染力，不只对拥有它的人能产生重大影响，所有和它有过接触的人也将受到影响。"

拿破仑·希尔不光这么说，他也是做事极为热情的人。他非常热爱写作，并且大部分写作都是在晚上进行。有一天，拿破仑·希尔正在聚精会神地在写字机上打字，偶尔抬起头从书房的窗户望出去，结果把自己吓了一跳。他看到了什么呢？

他住在纽约大都会高塔广场的对面，看到了最怪异的月亮的影子映在大都会的高楼上，那是一个银灰色的影子，太奇怪了！拿破仑·希尔起身走到窗户前，仔细研究起这个月亮的影子。他看了半天，自己笑了起来，那根本不是什么月亮的影子，而是清晨太阳的影子——天已经亮了！

原来，由于拿破仑·希尔太投入于写作，忽视了时间，一夜过得就像一个小时那么快，他完全没有留意到。在这之后，他又继续工作了一天一夜，他忘我地工作着。

拿破仑·希尔诠释了什么叫做热情：热情可以让你彻底地投入，可以让你忘掉时间，可以让你享受做事的快乐。想想你自己，你的热情呢？它们还在吗？你的"油箱还有油"吗？

你在开展工作时，是经常看着手表盼望下班，还是忘掉时间彻底地投入？

你在遇到困难时，是习惯于抱怨运气、抱怨别人，还是积极主动地去解决？

你在与人交往时，是等着回答别人的问题，还是主动与人沟通交流？

……

正如 NBA 那句人尽皆知的口号"I love this game（我热爱比赛）！"一样，有了热情，你就有了能量，能够享受做任何事的过程。热情在希腊语中意为"受了神的启示"，你看那些充满热情的人，他们忘我地投入着，难道不正像被神指引着走向成功的人吗？

既然热情如此重要，那么我们如何做，才能给你热情的"油箱加满油"？

不可否认的是，很多时候热情来自你本身的喜好，有的人天生喜欢与人沟通，他们对公关与销售充满热情；有的人骨子里喜欢思考，他们对科学研究之类的事颇有兴趣；还有的人从小喜欢艺术，他们愿意把生命奉献给艺术事业。

但是，你也可以通过一定的训练方法来帮助自己获得热情，就像给自己修建一个加油站，当你觉得自己缺乏热情了，自己给自己加点油。

1. 微笑练习

虽然很多书中都讲过微笑的重要性，但是大多数人却根本没有认真练习过，所以他们体会不到微笑能带给人的力量。我在培训课程上，每次上课前和结束后，都要求学员们互相进行微笑和拥抱练习，同时要求学员们每天早晚留出 5 分钟时间对着镜子练习微笑，找到自己的最佳笑容。

微笑练习的效果在一段时期内就会体现出来，一方面镜子里的微笑能让自己获得快乐、找到自信；另一方面彼此给予微笑能让心里变得温暖，这两方面都能带来热情。如果有条件的话，我希望你把这个练习带到你的公司或家庭，和同事或家人一起来做。

2. 赞美练习

每天选择一个赞美的对象，你可以赞美谁呢？你的同事、领导，你的朋友、家人、邻居，这些都是你赞美的对象，找到他们值得夸奖的地方，用你的真诚去赞美他们。这么做的好处，除了能够增进你的人际关系以外，也能让你变得更加热情。

为什么会产生热情呢？因为好的人际关系就像火炉，可以给你创造一个温暖的环境，而且当你给予别人发自内心的赞美时，你的潜意识会觉得和这样的人在一起是你的幸运所在，你还能学到更多。

3. 自励练习

无论做任何事情，当你感到疲惫、无聊的时候，当你觉得热情没有了的时候，你可以对自己进行鼓励。不需要限定时间，只需要随时随地激励自己、夸奖自己。

只要你发现任何自己做得不错的地方，就第一时间给予激励，例如你可以对自己说：

"今天早上我跑得不错，感觉很轻松。"

"这段文字我写得很出色，很有专业水平。"

"今天又记下了 20 个德语单词，我很有成就感。"

……

简单的三个方法，将会构建你的"热情加油站"，坚持练习，热情就会像阳光一样带给你温暖和力量。

远离负能量的词汇

长久以来，人们的惯性思维是这样的，今天遇到某件自己不想其发生的事，或碰到了自己不想遇到的人，很自然地，人们会觉得"运气糟透了"，于是负面情绪开始在我们的身体内产生，大脑运行的时候也会选择负面词语。

比如，你在工作中遇到了挫折（事件），你对自己说"真倒霉"（反应），你的情绪很低落（情绪），于是你开始抱怨不公（词语），你越说越生气（反应）……最后你被人讨厌（结果）。

现在的问题是，我们不期待的事件，因为某种原因出现在眼前，你该如何控制你的情绪？你有没有发现，这其中有一个重要的环节——反应。如果我们能改变自己的反应，我们就可以控制自己的情绪。这并不难做到，不过你需要下工夫练习。

首先，你需要找到代表你反应的负面字眼或句子，根据我的观察和统计，绝大多数人在遇到头疼的事情时都爱这么想或这么说：

"完了！"

"糟透了！"

"真烦啊！"

"怎么会这样！"（这不是个问句）

"气死人了！"

"太糟糕了！"

"真让人失望！"

"真倒霉！"

"为什么是我！"（这也不是问句）

"我真可怜！"

"我真的不行！"

"我做不到！"

"我累了！"

"我是个失败者！"

"没有机会了！"

"算了吧！"

……

这些负面的语句，就是你遇到事情后的反应，也是你给自己的心理暗示。它们会直接带给你负面的情绪，间接地影响了你的自制力水平。当你意识到自己存在这个问题之后，那么下一步，我们该如何改变这种情况呢？

很多人对我说过："我也知道这样想不好，但是我就是改不了！"是的，我非常理解。在我亲自尝试摆脱负面反应的最开始阶段，也和大多数人一样，无法做到一点都不去想"糟透了"，难道我们都控制不了自己的思想吗？

其实并不是这样，真正的原因在于，这些负面的词汇也是我们长期行为、思维活动的一种习惯，你不可能做到一下子完全清除它们，因为习惯这种根深蒂固的特性，你需要花时间和精力才能改变。

是的，你需要像后面讲的那样，让28天习惯养成的计划来帮助你，并且要做到"无一例外"。

你可以把自己说的那些丧气话、你的负面心理暗示写在一张纸的左侧，这样你可以随时知道是哪些反应影响到了你的情绪，然后你把相对应的正面反应（越有趣、越积极越好），那些你觉得积极的想法写在右侧，中间用箭头表示你希望发生的转变，例如下面几个：

"糟透了！" → "我的天啊，我的上帝又来考验我了，欢迎！"
"真烦啊！" → "我相信'好事多磨、越磨越好'！"
"真让人失望！" → "比起某某的长相，我这有什么可失望的呢！"
"真倒霉！" → "哈哈，好运气马上来了，因为万事皆平衡！"
"我真的不行！" → "把'不'去了，我就真的能行！"
……

然后你要做的事，就是当你发现自己有左侧的想法时，拿出这张纸，盯住右侧，对自己说那些有意思的、积极的想法，并重复上几次。请注意，这不是自我安慰，而是一种摆脱负面词汇的练习。

因为你不可能天天都会产生消极的反应，所以做这个练习时，你需要记录好你练习的天数，无论一天发生几次，你都按照一天来记录，如果今天不需要做这个练习，你就保持天数不动。直到你写到28天为止，我相信你会感受到自己的变化。

◇有效练习 4　情绪管理训练

据说，南非总统曼德拉在总统就职典礼上，向三个曾关押他、虐待他的看守致敬，他的解释是，自己年轻的时候性子暴躁，正是在狱中学会控制情绪才活了下来。牢狱生活，让他学会了如何处理自己遭遇的苦难。

我的一名学员道恩非常崇拜曼德拉，他说自己脾气很差，对于遇到的歧视和不公平充满愤怒，希望自己也能有那样的自制力。我说那很难，因为曼德拉拥有的不仅仅是自制力，还有对苦难和悲痛的宽容与感恩，他一定拥有极大的毅力。但好消息是，通过情绪管理练习，至少你可以控制自己的脾气，道恩打算尝试，下面就是他的练习过程。

Step 1　认识情绪

这一步，我没有让道恩用自制力控制情绪，只是让他用一周时间做这样一件事情，每当有不想发生的事情发生时，或者不想看到的人出现时，关注自己的情绪，只是关注。

一周很快过去了，道恩发现自己的生活果然充满了不顺利，另一个部门的经理沙琳总是用不屑的眼神看他，每当这时候他就愤怒；只是停车去买杯咖啡，结果收到了一张罚单，他觉得特别懊恼；在快餐店，他点了不要芝士的汉堡但显然那位心不在焉的女招待根本没有记下，这时候他认为自己不被重视而感到很气愤……甚至有时候他还会莫名其妙地焦虑，看什么都不顺眼。

讲完这一切以后，我告诉道恩，很好，他已经意识到了自己的情绪表达，这是管理的第一步——你要知道，它原本是什么样的。

Step 2　控制表情

我让道恩再用一周或者更长的时间，学会控制自己的表情，控制自己的肢体动作，也控制自己的声音，包括语调、语气。

"比如，道恩，你生气的时候，正常情况下，表情和语言是同步的，你一边愤怒地瞪着那个惹怒你的人，一边骂他。但是现在，你要试着先流露出生气的样子，过 3 秒钟再说自己很生气。这 3 秒钟，需要你用自制力控制。不难做到的对不对？你只需要延迟 3 秒钟。"道恩答应了。

两周以后，道恩告诉我，自己做到了。楼下那个开通宵 Party 的家伙打开门以后，道恩满脸愤怒，但过了 3 秒钟才说，如果他们再不肯控制自己的音量，就报警。

我首先恭喜他，然后提出了新的要求。这一次，我要他控制自己的表情，比如，愤怒的时候，做出高兴的样子。道恩说这太难了，我说你可以试试看。

高兴的表情，一般表现在脸的下半部，比如嘴角上扬、脸颊提高，它是很容易做到的。但是，真正高兴的时候，我们的眉毛和额头也会上扬，这就不容易伪装了。道恩表示很感兴趣，答应了拿一面小镜子经常练习。

两天以后他告诉我，通过我课堂上讲过的"微笑练习"，不难做出微笑的表情，可是愤怒的时候很难。

我说："是的，还记得那 3 秒钟吗？这一次，不仅不要开口，你也试着让自己的表情延迟 3 秒钟。在这 3 秒钟里，你要做一件事：你在心里正确说出自己的感受，比如'他让我感到愤怒'，或者'我心情很差，他的批评让我更难受'。这是一种倾诉，虽然是对自己的倾诉，但是一样能通过倾诉减少冲动情绪。然后，你努力用不攻击对方的方式，把自己的想法表达出来。你不需要抑制表达，因为它虽然是情绪调节的一种策略，但也是效率最低的一种。"

Step 3　情绪调节

在道恩做到以后，我们开始了第三步。前两步都是在用自制力控制情绪的外部反应。这一次，我们要转换情绪了，通过这样一个过程：

刺激你的事件 → 你的认知 → 你的情绪反应 → 自我辩论 → 新的情绪

比如，沙琳又不屑地看了你一眼，这是"刺激你的事件"；

你觉得这个骄傲自大的女人瞧不起你，这是"你的认知"；

你很生气，于是愤怒地瞪着她，这是你的"情绪反应"。

接下来，你可以进行"自我辩论"："她是个傲慢的女人，那样做很正常，那不是我的错。而且，如果我是个值得别人喜欢的人，她怎样看我都没关系。如果我不讨人喜欢，她那样看我正是对我的提醒……"

然后，你变得平静，看向她的目光不再充满敌意，这就是你"新的情绪"。

整个过程花了两三个月的时间，然后有一天道恩告诉我，他惊讶地发现，自己不仅每天都能保持平静的心情，不再经常愤怒焦虑，而且整个人的态度都变得积极起来，大家对他也友善了很多。我很高兴，他的情绪管理获得了成功。

第五章

使用自制力，掌控你的时间和生活

你的时间，比你想得还有限

我想你一定知道，自己的时间是有限的。我们大约能活 80 岁，如果没有什么意外发生。当然你也有可能活到 100 岁，还有一些人可能只能活到 60 岁，但是对每一个人来说，时间都是不多的，用完为止。

我经常在课堂上让学员做撕纸条的游戏，你可能听说过，但相信我，真的动手去做的时候，你一定会印象深刻。所以我希望你跟我一起行动，就像在我的课堂上那样。

首先准备两张长长的纸条，长度一样。其中一张放在一边备用，另一张分成 10 份，每份代表人生中的 10 年。在最左边写上"生"，最右端写上"死"，现在让我们开始提问。

1. 你现在多少岁？

根据你的年龄，把纸条相应的长度撕掉。如果你现在 30 岁，就要撕掉 3 份。

我会请学员把撕掉的纸条慢慢地撕碎，撕得粉碎。所有和时间有关的东西，过去以后就永远不会再回来。所以，要把它彻底撕干净，一边撕，一边回忆自己过去的人生都做了些什么。

2. 你认为自己能活到多少岁?

根据你的回答，从"死"那端撕掉相应的长度。

我看到酗酒的迪兰撕掉了 2 份，体型偏胖的亚瑟撕掉了 3 份，声称从来不运动的翠西撕掉了 3 份……很少有人认为自己能活到 100 岁，大家都或多或少撕掉了一部分。

3. 你认为自己多少岁以后的生活质量会大打折扣?

我的意思很明显："也许我们会患上失智症，忘记了自己是谁，也不知道自己在做什么；也许我们患了某种无法治愈的疾病，也许我们要坐在轮椅上……在老年生活中，这种事件出现的可能性并不小。剩下的这段，才是你可以享受生活的时间，就这么多了。"大家又默默地撕掉了一段纸条。

4. 你的一天 24 小时，是怎么分配的?

"通常情况下，你会睡 8 个小时或者更多，当然也有可能少一些。你吃东西、换衣服、洗漱、乘坐交通工具这些必须做的事情，以及化妆、休息、闲聊、看那些毫无意义的八卦信息、玩游戏、发脾气、发呆、生病这些不必要做的事情总共会花多少时间? 算一算，你真正可以做事情的时间，大约占到一天的多少?

"我每天大概可以有 12 个小时供自己支配，所以要把剩下的纸条撕掉一半。如果你只有 8 个小时可以支配，那就要撕掉 2/3。"

5. 你剩下的这些时间，需要承担什么?

"拿起一开始放在一边的另一张纸条，假如你现在 30 岁，预计自己可以活到 80 岁，也就是说还有 50 年的时间。那么，就把这张新的纸条撕成两半，丢掉一半，留下另一半。

"这 50 年时间里所有的开支，都需要你在手中这短短一段纸条的时间内创造出来。未来 50 年或者更长时间的健康，需要你保持适当的体重和良好的习惯来保证。对比一下它们的长度吧。现在，你如何看待自己的未来？如何看待自己的时间？"

我的堂弟杰夫每天要花大量时间泡吧、看电视，还喜欢无所事事、经常发呆。他在工作时间呼呼大睡，还和无聊的人煲电话粥。他做事有头无尾、粗心大意。他还经常埋怨、责怪别人，找借口，推卸责任……他和每一个 Loser 做着同样的事情。做完这个游戏，他告诉我，自己好像感觉到压力了。就是这样，没有压力，你怎么可能有自制力？

不止一名学员告诉我，他们把这两段纸条小心地收起来了，还有人把它作为手机的屏保图片，经常提醒自己。他们告诉我，自己的自制力不知不觉中增强了很多。

所以，虽然我们可以支配的时间少得可怜，但这未尝就不是好消息，只要你意识到了这一点。正如心理学家加利·巴福博士在《假如没有明天》中所说的那样："再也没有比即将失去更能激励我们珍惜现有的生活了。一旦觉察到我们的时间有限，就不再会愿意过'原来'的那种日子，而想活出真正的自己。这就意味着我们转向了曾经梦想的目标，修复或是结束一种关系，将一种新的意义带入了我们的生活。"

看清虚假忙碌的面目

想要掌控你的时间，我们需要无情地放弃，放弃一切浪费时间的事情。比如，翻看两个月前的报纸；浏览社交网络上的各种消息；翻遍了整个办公桌找一份文件；因为没有预约而必须忍受漫长的等待；和恋人吵架生了一整天的气，到晚上才开始拼命赶工作……

看起来你很忙碌，实际上都是些要么是完全可以避免的，要么是没有多大意义的事情。所有源于这些事情的忙碌，都是虚假忙碌。

我还非常年轻的时候，刚刚开始职业生涯，当然我是请不起助理的，所有事情都要自己动手去做。有一次演讲结束，托马斯先生找到我说，刚才他路过，听到了我的演讲，觉得挺有趣，问我是不是有兴趣为他们的员工进行培训。如果我有兴趣，可以过去谈谈，并且给了我他的名片，让我跟秘书预约。

我很兴奋，看完名片更兴奋了，这是一家世界 500 强企业！如果能给他们进行培训，会让我的职业生涯得到质的提升！

跟秘书预约完下周一见面，我开始全身心投入地做准备工作，我花了很多时间了解这家企业的情况，为培训他们的员工制订了极有说服力的计划。

问题是，那家企业在另一座城市，我打算坐飞机过去，花不了多久。周一早晨，我充满信心地带着文件出门打车，因为周末出了点小意外我的车送去修理厂了。但是我没有想到的是车那么难打，半个小时过去了，没有一辆出租车能让我乘坐。

我拼命想有没有什么朋友能送我去机场，可他们大部分都要上班。看交通状况，有时间送我的赶过来最快也得一个小时。我绝望了，肯定赶不上我预定的航班了。我忍不住焦虑紧张，这时候我用自制力调整情绪，马上平静下来，先给那家公司打电话，请他们原谅，我要更改预约时间。

事情进展并不顺利，秘书说托马斯先生很忙，不确定什么时候能见我，如果取消预约，我就只能等候通知。我没有放弃，一再为我的失约道歉，并且努力说服她，我是从另一个城市赶过去的，人事经理对我的课程很感兴趣，我的培训可能会给整个公司的氛围带来巨大变化……最后我还说，我只需要5分钟时间，请她一定帮忙安排。她终于答应了，说午饭前托马斯先生有几分钟的空闲时间，我可以那个时候去见他。

然后我马上打电话给航空公司改签下一班航班，他们说只有头等舱机票了，那大大超出我的预算，那时候的我经济相当窘迫。看了看还有时间，我决定先去机场碰运气，最坏的结果是我乘坐另一趟航班，那趟航班还有比较多的座位，刚好能让我赶上预约，但我不希望那样，在那个陌生的城市我需要给交通多留出一点时间。

终于，有出租车停下来了，我到了机场。运气不错，刚才只有头等舱的那趟航班有客人退票，我买到了经济舱的机票。

到了另一个城市，我马上赶去那家公司。秘书说，预约时间没到我不能进去，我说没关系，我在楼下等着就可以。我坐在楼下，让自己平静下来，思考如何在5分钟内说服托马斯先生。原本我们预约的是半小时，现在我的材料要重新准备。虽然飞机上我已经思考过，但现在我要再次梳理一遍。

最后，离预约时间还差15分钟，秘书叫我，说托马斯先生有空了，我可以进去见他。这样我有了差不多20分钟时间，足够我说服他了。当然，最终我得到了托马斯先生的信任，赢得了对我来说非常宝贵的机会。

回程的飞机上，我为自己的努力感动不已，心想以后一定要把这些写在回忆录里。可是，这时候大脑里另一个声音响起来："NO，这根本就是你自己的错！分明是你自己愚蠢！你所谓的这些努力和忙碌，跟你最终获得这次培训的机会，没有一点点关系，相反它还差点让你失去这个机会。"

考虑到第二天一早出门，如果我在车坏掉的时候，就找朋友借车或者租车，也就不会有后面的一系列麻烦了。我完全可以更舒服、更轻松地达到同样的目的，根本不需要这样狼狈。现在我让自己更忙碌更辛苦，并且还为此感到骄傲，这不是很可笑的事情吗？

现在看来，发现这个，也是我此行最大的收获。我再也不会把无意义的忙碌当作努力，而且我会努力避免一切原本可以避免的忙碌，我也不再为那些对结果没有帮助的事情忙碌。

　　我终于做到了这一点，但我发现，自己绝对不是唯一一个误把虚假忙碌当作努力和成就的人，有太多人也是这样，并且他们没有意识到。

　　得到我的提醒以后，有很多学员告诉我，原来自己的生活中有那么多忙碌和辛苦是可以避免的。而意识到这一点，让他们想通了很多之前没有想通的事情，在做准备工作的时候也有了充足的自制力，结果就是他们感觉自己的人生突然顺利了很多！那么，你呢？

做重要的、有效的事

　　盖尔每天 6 点半准时起床，起床后花 10 分钟洗澡，20 分钟为自己做煎蛋、培根、华夫饼，倒上一杯牛奶，还吃了一根香蕉。一边做早餐，他一边打开广播听新闻。

　　7 点 20 分，他准时出门，去车库把车开出来上路。车上，他有时候听音乐，有时候听法语。

　　8 点钟，他已经到了公司，开始为今天的工作做准备。

　　9 点钟，同事们陆陆续续来上班，他已经工作了一个小时。

　　10 点钟，他走出办公室，去公司的健身房跑步 10 分钟，或者做一套健身操。

　　午餐以后，他没有马上回到办公室网购或者看社交网络，而是去附近的公园散散步、喂喂鸽子，让自己放松一下。

　　下午开始上班，同事们昏昏欲睡的时候，他精力充沛得让人嫉妒。

　　盖尔不加班，下班以后，他开车回到家，路上继续听他的法语。

　　7 点钟吃完晚饭，盖尔会出门散步或者慢跑，跑步的同时，他会给爸爸妈妈或者朋友打电话问候他们。

回到家，8点钟，盖尔开始准时坐在书桌前学习，他觉得自己还有很多知识需要补充。中间他会休息一次，站起身做几组平板支撑。

9点半，他拿过手机，在社交网络上回复大家的留言或信息。

10点钟，盖尔准备上床，阅读半小时，然后熄灯睡觉。

盖尔是我的一名学员，一名广告公司的创意总监。进行自制力训练后，这就是他的工作日状态。他告诉我，他的生活从未感觉如此充实而轻松。他看起来一点都不忙碌，但所有事情都没有耽误，工作也做得很棒，领导不断地表示对他的赏识。盖尔说："原来时间一直在那里，我以前只是没有自制力，没能好好使用它。"

我知道很多时间管理书籍会告诉你应该怎样规划自己的时间，比如避免对所有事情一视同仁，比如把事情按照紧急和重要进行优先级别分类，比如把精力花在回报最高的事上，比如按照精力时段进行详细安排，等等。它们说得都没错，但如果没有自制力，一切都是白费工夫。

就拿盖尔来说吧，以前他参加过公司的很多培训，当然包括时间管理的，还有IBM公司在用的GROW模型。他知道GROW代表Goal（目标），Reality（现状），Options（选项），Will（行动自制力），他掌握了很多有效的工具，但还是用不好它。为什么？他的自制力太差，根本没有办法做到有效地利用这些工具。

而且，我个人更喜欢灵活安排时间。我听说一架典型的商用飞机，在90%的时间里都是偏离航线的，但它差不多总是能按时到达目的地，因为它知道应该往哪里飞，并且随时修正方向。我不可能预知一切，也难以做出完美的计划，所以我喜欢在牢记目标的前提下，根据具体情况调整时间安排，我认为这是一条可行的途径。

所以我告诉盖尔，我是训练自制力的老师，不是时间管理老师，但在时间管理方面，我有两个原则，或者说我经常会问自己两个问题，我觉得特别管用。

第一个是，我经常会问自己："你为什么要做这件事？""你在干什么？""你的目的是什么？""你为什么要花半个小时的时间去看一段明星的绯闻，它的意义何在？"

跟自己对话是一件很有意思的事情，你可以完全诚实地回答，比如"我就是好奇，看他们的八卦新闻可以满足我的好奇心"，或者"这个电话我必须打，我要知道劳拉到底有没有坚持运动"。虽然这些花不了你多少时间，但你却可以严格筛选你要做的事情，为你带来更多"承诺""自制力"和"意义"。

如果这个答案让我羞愧，我会放弃做这些没有意义的事。如果答案是"也许这个故事以后能让我作为例子使用呢"，对于这种事情，我会遵循"假如怀疑，立即放弃"的原则，有用的事情还做不完，我为什么要花时间在那些不确定有没有用的事情上？

第二个是，我会问自己："这件事能不能省出时间来？"我热衷于寻找一切不浪费时间的技巧。比如，如果我要看电视节目，会把它录下来，然后用快进的方式跳过广告，或者直接跳到我需要的那部分内容；如果打电话5分钟可以说清楚，我不会花15分钟去发送电子邮件并且等待不知道什么时候到来的回复。

当然，任何时候，运用自制力专心做事情都是省出时间来的必要条件，所以我在不自觉中会用自制力督促自己卖力工作，让我不被外界干扰，也让大脑更快速地思考。同时，我的自制力也在得到锻炼，这不是很好吗？

重新审视你的 Deadline

我知道有无数时间管理书籍在教你"给实现目标一个明确、合理的最后期限"，但我要告诉你，或许你应该重新审视这一行为，因为，如果没有自制力，Deadline 最后往往会变成让你 Dead 的 Line。

原本，Deadline 是给没有自制力的人设的警戒线，是一种提醒。它应该是那种刺眼的、红色的，并且在威胁你："看清楚了，要是这时候你还没完成，就危险了！"

但在很多人眼里，它变成了蓝色的，传递着这样的信息："别担心，不用急，在这个日期之前你一直都有时间去做。"

所以，很多人的状态是这样的，如果要做一件事，时间是一周，那么前五天的日子过得很悠闲，到了第六天，突然有了动力，开始了紧张忙碌的工作。按照他们的设想，集中注意力，两天完成没问题。可是，如果遇到了难题呢？或者如果你的生活中发生什么意外事情需要时间呢？

从事文案工作的米娜告诉我，她最喜欢晚上写东西。如果明天要交一份文案，她预计一个晚上能搞定。那么，白天她是不会动手去写的，时间在她那里无用得都快被扔进垃圾桶里了。

晚饭以后，她会坐下来聊天、收邮件、在社交网站上跟大家互动，还要购物。一定要到 10 点钟以后，她才决心开始工作，这时候她恋恋不舍关掉各种网页，慢慢寻找工作状态。11 点钟，眼看必须开始工作了，她会变得认真专注，效率非常高，不管忙到几点，但总能忙完。

她说自己这个行业的很多人都是这样，不到 Deadline 不肯动手。她的意思是，这样做的效果还不错，她不觉得有什么不好。我问她："米娜，你能保证自己前一天晚上一定有灵感吗？如果没有，你怎么办？"她向我强调，不管怎样，总会完成的。我笑了笑，她明白我的意思，不再辩解。

"更重要的是，米娜，这不是一个好习惯，这是自制力非常低的表现。帕金森定律早就指出过这个问题，任务会自动膨胀占满你的时间。如果你给自己充足的时间，就会不自觉地放慢节奏，直到最后期限才会集中精力去完成。如果这项任务只需要花你 4 个小时的时间，你为什么非要让它耗费掉一整天？除了浪费时间，它还会让你因为时间的拖延和最后的紧张而感到疲劳，会影响你的心情。"

"可是，我接手的所有任务都有 Deadline，我已经习惯了这么做，要改变，可能需要极大的自制力，现在我的自制力还比较弱。"米娜试图回避这个问题。

"很简单，你根据自己的时间安排，另外设定一个合理的 Deadline 就好了。省出来的时间，你可以做太多有价值的美好的事情。这并不需要消耗你太多自制力，相反，还能够提高你的自制力。"我并没有让米娜逃避这个问题。

她答应我试试看。

几周以后她打电话给我，"太棒了！我终于有时间读完了大卫·奥格威的《一个广告人的自白》，它给了我很多启发，有一些创意我用在了最近的文案里，领导第一次开会的时候夸奖我，我特别兴奋！"

我相信效果相当不错，因为我用这个办法帮很多人增强了在 Deadline 面前的自制力，也包括我的助理温妮。

温妮很聪明，冲的咖啡很好喝，交上来的文件非常准确没有错别字，制作演示文档也有一套……但她有一个缺点，如果你告诉她："请在周五下班之前把这份表格做好"，那么周五你一定要给她留出时间，否则就给她支付加班费吧，因为她一定会在周五去做这件事情，尽管她周三、周四没什么要紧的事情做。

如果我让她今天去趟银行，那么她肯定不会一大早去，而是在快要下班的时候过去。有几次都因为排队的人太多而没有完成工作任务。

这让我很苦恼，我给她 Deadline，是希望她能合理安排，有充足的时间把事情做好。但显然她的理解不一样，总是把 Deadline 的前一刻当作开始这项任务的时间点，这已经影响到了我的工作。我想和她谈谈，我是教授自制力的老师，如果连自己的助手都这样，我还怎么去影响别人？

于是我告诉她："温妮，一直以来你的工作都很棒，我为你感到骄傲。但是我发现你和以前的我一样，非 Deadline 不工作。我给你的 Deadline 时间非常充裕，因为我不希望你太紧张。但也许你可以给自己一个新的 Deadline，完成工作以后剩下的那些时间，你可以做一些有趣的事情，你觉得呢？"

温妮很快就做出了改变，几乎成为一个完美的助手，一直工作到现在。

那么你呢，你的 Deadline 帮你增强了自制力并且提高了效率，还是吞噬了你大量的时间？如果是后者，就动手给自己设定一个更加合理的 Deadline 吧，这花不了你多少自制力，但却能给你带来对时间的掌控感。

时刻投入当下的自制力

有些事情，你明明知道它特别重要，可是，你仍然没有办法在第一时间完成。可能你的 Deadline 没有到来，也可能你就是习惯了拖延时间。

就像我刚刚提到的米娜一样，她学过时间管理的知识，非常清楚最优先的、排在第一位的是重要而且紧迫的事，比如准时完成任务、交罚单、还贷款等；接着是重要但不紧迫的事情，比如学习新的知识、和朋友沟通、制订下个阶段的计划等；最后是紧迫但不重要的事，比如突然打来的电话、一个并未预约的客人、下午要召开的无聊会议等；最后是不紧迫也不重要的事，比如和朋友闲聊、新一季的电视剧、明星们的八卦绯闻等。

她很清楚做事情的顺序应该是 1234，可是在参加我的自制力训练课程以前，她每天的工作顺序都是 4321，虽然看起来生活没有出什么乱子，工作也都按时完成了，但在这家公司三年了她都没有得到任何加薪升职的机会。而在她用自制力调整顺序以后，很快就引起了领导的注意，现在她已经成功升职为部门主管。

需要注意的是，由于米娜特别喜欢在晚上夜深人静的时候写文案，所以我建议她可以把做事情的顺序灵活调整为 2134，白天上班的时候可以学习、制订计划，晚上进行创作。但不管怎样，还是要尽早开始，而不是在 Deadline 即将到来时。

正如我在前面讲过的那样，有些忙碌是虚假的忙碌，有些 Deadline 是纵容自己偷懒的借口。在掌握自己的时间和生活的过程中，我们需要约束自己的行为，时刻明白自己在做什么，并且能够很好地投入当下。

如果你现在打算先把某些任务搁置一旁，请你问问自己："我搁置的理由是什么？是有另一件更重要的事情要做，还是自制力涣散了想要舒服地消磨时间？"

问完这个问题，你还可以问自己："我把这件事情暂时搁置，有没有什么代价？"如果没有任何代价或意外，你也可以给自己一段轻松的休闲时光。但是如果有代价，可能给你带来麻烦，比如你不得不在以后某段繁忙的时间里给它挤出一块时间，那我劝你最好打消搁置的念头，现在开始！

因为，当你刚刚接受一项任务的时候，往往不自觉地开始思考，你的潜意识会大致为你勾勒出行动计划的框架，也会有好的想法，如果当时就执行，要比以后再去做的效率更高。

杰出的销售大师克莱门特·斯通（W. Clement Stone）创立自己的保险帝国以后，就要求所有雇员每天一上班就大声提醒自己："现在开始！"

我让学员在他们自制力不够强的阶段，把这句话作为手机和电脑屏保。当他们已经养成习惯，不需要用这句话提醒的时候，会发现自己各方面的自制力都有所提升。因为一旦他变得懒散想要拖延的时候，大脑里就会响起来"现在开始"的声音。就算有困惑，那也下定决心吧，不动手去做，你什么都不能改变。

当你在养成"现在开始"的习惯的同时，请注意我的另一个关键词"投入"，这个词更重要，甚至比马上开始还重要。

就在前几天，有一位学员告诉我，他用了极强的自制力，使自己每天晚饭后坐下来学习两个小时的法语，明明非常努力了，可是效果很差。两个月前听不懂的对话，现在仍然听不懂，词汇量的测验结果也让人非常沮丧，他不清楚问题出在哪里。

这些年来，我遇到过不少这样的情况，我能猜到是什么原因，但我需要证实。于是我打开他的社交网络，很快就找到了答案。他从晚上8点钟开始学习法语，那么8点到10点，他应该是在专心学习的。但我看到在这个时间段里，他发了很多条状态，有的是"我在学习，好用功"，配上摊开的书籍的图片，更多的是转发的奇闻趣事或搞笑段子。而且他会及时和留言者进行互动。我很难想象他是在投入地学习。

显然，他根本没有自制力。表面上他是在学习，但那只是看起来在学习，他仍然在做自己以前晚上经常做的事情。我毫不客气地指出来这一点，并且请他思考自己学习的动机："你做这件事情，不是为了完成它，而是真的想要有结果。没有这个意识，你很难有自制力。"

所以，如果你也有同样的问题，不如问问自己有没有真的"投入"，还是你只是在欺骗自己和别人："瞧，我在做呢！"

零碎的时间是珍珠

"还有十分钟就要开会了，什么都做不了了，那就玩会儿吧。"你一定没少听过这样的话。我丝毫不反对你把这段时间作为休息时间，让自己从一上午紧张的工作中放松下来。但是，我绝对不赞同十分钟时间什么都做不了。

零碎的时间是珍珠，一点点地散落在地上，看起来似乎毫无用处，也不怎么起眼。但只要你能够把它们串联起来，可能就会惊喜地发现它们的价值。

《汤姆叔叔的小屋》是哈丽特·比彻·斯托夫人在做繁重家务的间隙写出来的；《地狱》的翻译是朗费罗每天利用等待咖啡煮好的十分钟时间完成的；身为牧师、摄政官秘书和联邦秘书的弥尔顿，在繁忙的工作之余，用零碎的时间写出了《失乐园》……

他们把这些零碎的时间变成了文字，所以我们能够看得到具体的成果。但更多零碎时间的价值，你可能看不到具体的形状，但它的主人会知道，它到底为自己带来了什么。当然，这些人必须有强大的自制力，坚持很多天甚至很多年，才能让零碎的时间散发出如此夺目的光芒。

不过，零碎的时间虽然珍贵，并不适合用来做所有工作。根据我的经验和观察，你可以用它做下面这些事情。

1. 阅读

通常来说，零碎的时间更适合快餐式阅读，比如今天的新闻、社交网络上的文章、杂志上的新一季时尚等，但这并不意味着你不能阅读长篇著作。

就拿我来说吧，我在每天等待开饭的短暂时间里，读完了斯蒂芬·茨威格的《人类群星闪耀时》，读完了《愤怒的葡萄》，如今正在读《我们分裂的政治心灵》。

2. 做整理工作

比如，等待开会前的几分钟，把你的收件箱清理一下，把办公桌上的文件整理一下，该丢的垃圾丢掉。整洁有序的环境可以帮你提高效率，而且有助于让你拥有好心情。

3. 思考

当然你也可以思考今天中午吃什么，这比你从一整块时间中分出一块来思考这个问题好多了。但如果是我，思考中午吃什么不会超过60秒钟。我通常会用零碎时间思考下一周的工作计划，设定下一阶段的目标，或者为前一段时间的工作进行总结。当然，我也可以整理一下任务清单，这都花不了多少时间。

如果没有计划需要制订，你也可以头脑风暴（Brain-storming），也许就能萌发一个好的创意，或者闪现出特别奇妙的灵感。我需要强调很重要的一点，我会把思考的片段随手记下来。如果是在开车，我就用录音笔。如果你不能捕捉到它们，就永远失去这个灵感了。

4. 运动

如果你老是说自己没时间运动，现在请停止为自己找借口。拿出你的自制力，然后让我们充分利用这些零碎的时间。10 分钟，足够你做上好几组平板支撑，或者仰卧起坐，或者俯卧撑，或者一组健身操。你也可以去楼下散散步，做做深呼吸，让大脑休息片刻。你甚至可以只是简单地伸伸胳膊晃晃脑袋，都有助于让紧张的肌肉放松。

5. 其他适合做的事情

比如打电话。今天需要打哪些电话，早晨就列好清单，然后除非必要，都可以在零碎的时间里完成。你也可以打个盹，或者写一篇文章，或者写一封简短的电子邮件，或者和朋友们聊上几句，或者支付你的账单、罚单，整理你的支票簿，更新你的财务记录等，它们都是一些必须做，但花不了太多时间的事情，非常适合在零碎的时间里去做。

但是，我不建议你利用零碎的时间进行娱乐活动。因为往往在你意犹未尽的时候，你的零碎时间已经结束了，如果你自制力不够强，可能会花掉你接下来的时间。而如果你自制力够强，不得不结束娱乐时，往往又会影响你的心情。

所以，不如把零碎时间用来做一些必须做的事情，然后在大块的时间休息、娱乐，这会给你带来更强的满足感，也有助于自制力发挥阻止干扰的作用。

利用零碎时间做这些事，还有一个非常大的好处：可以保证你有整块的时间去做必须专心投入才能完成的事情，不会让你感觉自己的生活中充满了琐事。养成这个习惯以后，你对时间的掌控感和生活的热爱程度可能都会增强不少，然后，你就会和我一样充满活力。

帮助自己提高自己

在开始这段旅程之前，我们先要问自己一些问题，一些真正的、重要的问题。然后，你才知道自己该往哪里走。这些问题很简单，你也不需要像问自己"我今天吃什么""我要穿哪套衣服见客户"那样频繁，不会花你很多时间。

1. 在我看来，成功是什么？

在我看来，成功是在自制力培训领域卓有成就，为更多人的人生带来良好的改变。可能在你看来，成功是每隔三五年就给自己放上半年或一年的假到处旅行；成功是家庭生活健康幸福；成功是创立属于自己的企业并且发展良好……我有一个学员说，在他看来，成功就是一直有姑娘爱自己。不管怎样，请诚实面对自己，回答这个问题，不要被别人的看法影响。因为，"Being yourself is an honor"，你的人生就是要实现你自己眼中的荣耀。

2. 我想要过的生活是怎样的？

这个问题的答案最好具体点，你不是不能回答"我想过悠闲自在的

生活",但那样太不具体,不容易激发你的斗志和自制力。你可以试着描绘:
"我想做自己更喜欢的设计工作,住在埃文斯顿的湖边,周末去林肯公园逛逛,去吃日本料理,去吃意大利菜,全家休假的时候去邓顿温泉享受温泉和葡萄酒,去火奴鲁鲁享受阳光和沙滩,去奥兰多的迪斯尼和水上乐园……"

想象能让我们知道自己需要怎样的改变。我相信这样的场景,会让你对自己想要拥有的生活有更深刻、更清晰的认识。因此,你会更有动力去做些什么,好让自己能够过上这样的生活。

3. 我今天过得开心吗?

看完未来,我们回到现在。问问你自己,今天或者这一段时间,你过得是不是开心,长久以来的情绪是怎样的。如果用 10 分来衡量,你能拿到几分。然后试着回答,你为什么拿不到剩下的几分,原因在哪里?

4. 做哪些事情会让我快乐?

我所听到的答案千奇百怪,有得到赞赏、拿到订单、吃冰激凌、玩游戏、看电影、唱歌、敲鼓、泡吧、拿到奖金、看到家里的小狗……不管怎样,给这些事情留出一些时间。或者多去做这样的事情,并且保持平衡就可以。

5. 未来我可以做些什么来增加生活的激情和意义?

这是最重要的一个问题。通过上面几个问题,你可能对自己的生活有了更清晰的认识,现在让我们开始改变。也许是非常宏大的计划,但你其实只需要从一些小事做起,比如报名参加一个培训课程,每天阅读 20 页专业书籍,每天写一篇文章等。正是这些事情,而不是某个巨大的改变比如换了新工作、升了职才能帮你提高自己。

当然，接下来最重要的就是行动起来，"种一棵树的最佳时机是20年前，再就是现在。"永远不要害怕太晚，任何时候，你都能够让自己变得更快乐，让自己的生活变得更好。

肯可能是我的年龄最大的学员之一，他50多岁，虽然我认为他的自制力处于相当高的水平，但他还是表示希望能够上完我的课程，他说，一个人应该不断被督促，如果没有别人，那就要靠自己。他给我们讲了自己的故事。

人生的前40年，肯做过各种各样的工作，在比萨店做服务生，给超市送货，当过出租车司机，也曾经做过销售，但每一样工作都没有坚持太久。

后来，他听说放射理疗师很受欢迎，可是申请者要求有一年以上的专业培训，他不知道自己要不要去培训，就跟一位朋友说："我想去参加一个培训，可是我这么笨的人是一定学不会的，而且我明年就40岁了。"那时候他几乎已经打算放弃这个可笑的念头了。

但朋友说："你什么都不做，同样会到40岁，而且依然不会变聪明。"

他说自己非常感谢那位朋友，是他提醒了自己：你想要的改变永远不会晚。而你既不需要担心别人怎么看，更不能自己阻止自己，尽管去做就是了。肯说，那一年的培训，让他从原来的艰难度日变成现在的能够过上体面的生活。所以，他会不断督促自己：有没有什么事情可以让你变得更好？那就快去做吧。

我们都为肯感到骄傲，他为我们带来了很多启示和力量。你呢？我希望我也能够为你感到骄傲。

平衡的生活才会丰盛

　　如果你每天为了工作忙得没时间好好吃饭，只能边走边吃维生素片，你没有时间陪你的孩子玩耍哪怕一个晚上；或者你每天都在操劳家务，根本没时间提升自我、关注个人成长。毫无疑问，这样的生活都是不平衡的，不是我想要的，肯定也不是你想要的。因为只有平衡的生活才会丰富而精彩。

　　我这里所说的平衡的生活，至少需要在下面三个方面取得平衡。

　　第一，是你的工作和家人、朋友之间的平衡。为了工作忽视家人和朋友，或者为了家人和朋友耽误工作，这都是没有找到平衡点。

　　第二，在个人时间支配方面你的内容要平衡。属于你自己的时间至少要分成三块，第一块是"必须的活动"，比如吃饭、睡觉、开车上下班、完成你的工作任务等；第二块是"有意义的活动"，比如陪孩子玩耍、规划你的人生、读书学习等；最后一块是休闲时间，在社交网络上闲逛、看电视电影、外出度假等。它们缺一不可，而且也需要取得平衡。

　　当然，你知道的，我说的平衡并不是平均分配时间，而是怎样分配时间才能让你的生活井然有序地进行下去，同时又兼顾了各个方面的内容。

第三，在现在和未来之间的平衡。所以，你既要做好现在的工作，胜任现在的角色，同时也要考虑到未来，花时间为你的梦想或计划做准备，这包括学习、社交、思考等很多内容。

每当我讲到这里的时候，都会有学员举手，他们会说："我知道您说得很对。可是，仅仅只是做好现在的工作，我已经很忙很累了。哪里还有时间去取得平衡？"

"这说明你的自制力还处于比较低的水平，这也正是你为什么坐在这里。"

有些可爱的学员依然不明白，难以获取平衡为什么跟自制力差有关系。其实它们的联系非常明显，如果你的自制力够强，你就能够掌控时间，也就能够掌控你的生活，在生活的各个要素之间取得平衡。

我自己就能做到这一点，但这里我想给你们举两个文学家的例子。

一位是获得了诺贝尔文学奖的加拿大作家爱丽丝·门罗，在《逃离》中她这样写："生活总是那么的忙乱。为了得到什么并用掉它，我们总是白白耗费了我们的力量。其实又何必让自己这么忙碌，却无法去做我们应该去做与愿意做的那些事呢？"

她是有资格说这句话的，因为她做到了，带大了4个孩子的她说："我三十六七岁才出版自己的第一本书。而我二十岁时就开始写作，那时我已结婚，有了孩子，而且还要做家务。即便在没有洗衣机之类的家电时，写作也不成问题。人只要能控制自己的生活，就总能找到时间。"

我特别喜欢她最后一句话，简直可以作为我自制力训练课程的广告词。

而另一位作家来自日本，名叫村上春树。他和斯蒂芬·金类似，出名以前都是利用下班以后、睡觉以前的那几个小时来写作，这就在现在与未来之间取得了平衡，不是吗？

村上春树 33 岁的时候为了减肥，开始坚持每天跑步。他每天写作 4 个小时，然后出去跑步，每天跑 10 千米。这在从事写作行业的人群中相当罕见，至少我知道的不多。他是这样说的：

"天气有时会太热，有时太冷，有时又太阴沉。但是我还是会去跑步，我知道，假如我这一天不出去跑，第二天大约也不会去了。人的本性就不喜欢承受不必要的负担，因此人的身体总会很快就对运动负荷变得不习惯，而这是绝对不行的。写作也是一样。我每天都写作，这样我的思维就不会变得不习惯思考。于是我得以一步一步抬高文字的标杆，就像跑步能让肌肉越来越健硕。"

显而易见，这是一个自制力非常强的人。这段话我也常常引用，用来激励我的学员，告诉他们自制力的重要性，以及我们到底该怎么做。

所以，请不要再说"我太忙了没有时间陪家人""我没有办法在工作时间和休闲时间之间取得平衡"，你这么说，就等于在宣告"我没有自制力，我丧失了对自己时间和生活的掌控权"，那是我这样一个自制力训练老师非常不愿意看到的。

拒绝应该拒绝的人和事

　　你的时间和生活是需要捍卫的。我想你一定知道，在你专心工作的时候应该拒绝闲聊，你也应该拒绝随便上网，有时候你甚至需要关掉电话。你可以和周围的人商量好，确保自己拥有一整块不被打扰的时间。

　　这都是为了保证你能够"身心合一"地投入工作，你知道的。你意识到的东西，我不想多讲，我不想浪费你的时间。但下面这两点，是我想要格外强调的，而且我发现很多人并没有意识到他们是应该被拒绝的。

　　第一个，就是要注意拒绝那些心态消极的人，他们不仅会占用你大量的时间和精力，而且还会削弱你的自制力。

　　我在前面讲过"抱怨会让精神能量流失"，而且抱怨是毫无意义的事，现在我还要补充一点，"听别人抱怨也会让能量流失"。那些心态糟糕的人，往往也是抱怨的"主力军"，而且人们越抱怨会越喜欢抱怨。经常和那些人在一起，非常影响你整个人的状态。

　　就在最近，我乘坐地铁去市中心，坐在我旁边的女人是个典型"抱怨狂"。从她坐在我旁边开始，就滔滔不绝地打着电话向她的朋友抱怨起男朋友来。大到工作，小到鸡毛蒜皮的生活习惯，这个女人简直没有不抱怨的。我本来想坐着看会儿报纸的，但是我根本看不进去，那个女人的话不断地传入我的耳朵，以至于我都很好奇，这个男人到底是什么样？都这么糟糕了，她为什么还要和他在一起？

在我下车时，她还在说个没完。走出车站，我长嘘一口气，听人没完没了地抱怨可真是又费时间又费脑子的事情。我在想，电话那边听她抱怨的朋友，一定比我还累，因为她还得去组织语言安慰她，帮她分析各种情况和问题。

假如你是她的那个朋友，会不会觉得很累？可能你觉得"她是我的朋友啊，我为她花时间不是应该的吗？如果拒绝听她的抱怨，会不会显得我很没有同情心？"你可以选择做一个富有同情心的人，但让朋友和你一样拥有强大的自制力，不再抱怨并且积极面对生活难道不是更好吗？

如果你选择做这样一个"有同情心"的人，那么请你考虑清楚，和那些心态消极的人在一起，除了能带给你糟糕的情绪、浪费你的时间和精力以外，你什么也得不到！所以，如果你接受我的建议，一定要拒绝这样的人。

另一个你需要拒绝但通常没有意识到的，是网络上的人，以及他们的观点。这里我想要改编爱迪生的一句话：成功的秘诀是1%的努力加上99%对网络观点的抵制。为什么？因为虽然网络给我们带来了极大的便利，但网上有太多毫无依据甚至不负责任的言论。即便是正确的言论，如果反对你要做的事情的声音，你依然要拒绝它。

当然，我指的是没有安全问题的事情。网上说不能吸毒；说箱形水母有剧毒；说不能运动过量，这些都是真的，你没有必要去证实。但如果网上说你是一个来自阿肯色州乡下的姑娘，想在纽约站住脚是很难的；说你已经太老了，早已错过学习外语的最佳年龄，请你不要理会它们，不要被它们影响得连超越自我的勇气都没有了。

几年前，我突然想学钢琴。我问了很多人，也去网上查询，几乎所有人都告诉我："晚了，五六岁的孩子才是最适合学的，你都三四十岁了""太晚了，肌肉都僵硬了，手指也没那么灵活了"。

我知道他们说得可能是对的。可是，我只是想学习弹钢琴，弹给自己或者家人听，我也没打算成为理查德·克莱德曼，为什么不能学呢？现在学习虽然是不早，但再过几年就早了吗？只会更晚。

我找了一位钢琴老师，说我想学钢琴，他当然不会拒绝，我成了他年龄最大的学生，和一群十岁以下的小朋友一起。

现在，我已经能熟练地弹奏好几首曲子。家里开派对的时候，我也能流畅地弹奏《瓦妮莎的微笑》了，虽然我一共也只会弹几首曲子，但我很开心，这不就够了吗？

所以我总会告诉学员，想要做的事情，应该做的事情，就不要关心"能不能做"这种问题了，你只需要关心"怎么做"，并且用你的自制力督促自己。不要被别人的意见左右，什么都还没有做就开始怀疑自己，那不是太愚蠢了吗？

◇有效练习5 运用番茄工作法

番茄工作法不是我创造的，但我特别喜欢，所以在这里介绍给大家。它是弗朗西斯科·西里洛创造的，但我在运用的过程中对它进行了改良，让它使用起来更加方便。

简单来说，番茄工作法就是让你把自己的时间分成一个又一个番茄时间（25分钟为一个番茄，中间不能分割），为每一个番茄时间选择一项任务，强制自己在这段时间里集中注意力完成任务，不允许做任何与这个任务无关的事情。等到这一个番茄时间结束，你才能短暂休息，并且在休息结束后，开始下一个番茄时间。每4个番茄时间过去以后，你可以多休息一会儿。

毫无疑问，它能帮你把注意力在一段时间内集中到一件事情上，可以让你更专注，而且25分钟这个时间长度可以保证你不会疲惫，能够集中精力。

但它有一个显而易见的问题，我每天要接到很多电话，如果我正在番茄时间中，客户或者学员打来电话，我能不能告诉他"我正在番茄时间中，能否请你15分钟后再打过来"？显然不能。虽然我正在做的工作很重要，但还没有重要到拒绝他们的程度。所以，在运用番茄时间的时候，我会变通，下面给你介绍我是怎么做的。

Step 1　设定我的番茄

首先要确定自己今天的工作内容，比如，明天的演讲内容今天要再读一遍，演示文档也要检查；要与 6 名学员打电话，询问他们的练习进展；要跟位于堪萨斯市的一家企业核实培训内容；要跟助理沟通接下来一周的日程；要为情况特殊的托马斯先生单独制订非常明确、细化的练习课程……

算了算，我今天有 7 件性质不同的事情要做，但是给学员打电话，我打算在坐了 1 个小时以后站起来休息的间歇，一边走动一边打，所以不需要分配番茄时间。那么，我就需要为 6 项任务分配番茄时间。

我给检查明天演讲内容分配的番茄时间是 30 分钟；跟助理沟通分配的番茄时间是 15 分钟；跟企业核实培训内容分配的番茄时间是 20 分钟；为托马斯先生制订训练内容花费两个番茄时间，每个 30 分钟……然后把它们写在桌面便笺上。

你可以看到，我的番茄时间是不固定的，有长有短，这是根据任务内容确定的。但最长不会超过 1 个小时，因为久坐不健康，而且人的注意力很难集中超过 1 个小时以上。

每两个番茄时间之间，我给自己的休息时间是 10 分钟。这 10 分钟，我可以喝杯咖啡、打电话，并且根据当天的突发状况制订新的计划，总之我会让它有价值。

但是，如果是同一个任务的好几个番茄时间，我会缩短中间休息的时间。比如给托马斯先生制订课程内容，我用了两个番茄，这两个番茄时间之间，我只休息 5 分钟，因为我们进入工作状态是需要一点时间的，这样可以减少状态切换成本。

Step 2　开始运用番茄时间

我设定好闹钟，开始第一项任务，检查明天演讲内容，进展非常顺利，我的工作做得很棒，没有什么需要修改的，只花了 15 分钟我就完成了任务。虽然我的番茄时间是 30 分钟，但我提前结束了，把我的番茄闹钟关掉，在便笺上把这项任务后面打上"√"。

休息了 10 分钟以后，我开始第二项内容，打电话给 Lasco 公司，我分配给它的番茄时间是 20 分钟，但出了点小状况，我们就某一个问题没有达成共识，经过一番讨论，问题解决了，但最终它多花了我 4 分钟时间，所以，这个番茄时间以 24 分钟结束，我打上"√"。

结束后，我站起来给自己倒了杯咖啡，给一个学员打电话沟通。

然后，我继续下一个番茄时间。

在给托马斯先生制订训练内容的第二个番茄时间里，我接到了两个电话，其中有一个是需要马上处理的事情，这是计划外事件，我宣告这个番茄时间作废，开始动手处理意外状况。完成以后，我再重新开始一个新的番茄时间。

就这样，一天的工作完成了。我还留有一些时间思考问题、阅读最新的研究文章。这一天结束后，我会花一点时间对今天的工作状况做一个总结。

　　你瞧，这个工具虽然简单，但很好用，在"Plan—Do—Check—Action"的过程中，我们的时间效率和自制力都得到了提升。

　　需要注意的是，在使用番茄时间时，你不一定能准确预计每一个任务所需要的时间段，这需要你加强对任务的判断能力，不断让估计时间的能力增强。

第六章

使用自制力，培养成功的好习惯

习惯的惊人力量

艾玛在完成了 60 天减肥计划后，养成了减肥健身的习惯，这让她在后面的时间里能够自发地去进行锻炼，而不再需要我的帮助。

"如果今天没有去做运动，我会感觉到十分不自在，就好像这一天忘了做什么最重要的事。"艾玛对我描述了那种感觉。

没错，这就是习惯的力量。

习惯来自于你的潜意识，就像出门掏出钥匙锁门，进门换上拖鞋那样，你无须在意识里主动提醒自己，但是你却每天都在重复这些动作。

有研究表明，人们每天进行的 90% 的活动都源自习惯：我们几点钟起床，怎么洗澡、刷牙、穿衣、读报、吃早餐、驾车上班等，一天之内上演着几百种习惯。这些习惯都是来自人们潜意识地驱动。

一旦你养成一个习惯，无论是好的习惯还是坏的习惯，你会觉得"违反"它、改变它非常困难。这种感觉就像一日三餐少了一顿饭那样，人会从心里感觉到不舒服。

我曾经有这样一个习惯，就是每天早上到隔壁街的星巴克咖啡馆喝一杯拿铁咖啡，看上一会儿《华盛顿邮报》，这个习惯先不用管它是好的还是坏的，但至少我在很长一段时间内都重复着这样做，无论是晴天还是阴天。

直到有一天，不知道是哪种原因，这家星巴克咖啡馆突然搬走了，取而代之的是一家服装店。这让我在接下来的一个月时间里感到极为不舒服，我买了报纸不知道去哪里看。我也尝试过在家里自己煮点咖啡，或是找一家其他咖啡店，但我就是觉得没有之前在星巴克咖啡馆的那种愉悦感——我习惯了那个味道，甚至每次坐的地方都一样！

我把这种感觉告诉给我的夫人，她取笑我太固执了，可是，她又何尝不是这样。举个简单的例子，她每天晚上睡觉前一定会躺在床上看一会儿书，这个习惯跟随她很多年了。有一次我们出去旅行，晚上趟在酒店的床上，本来已经很疲惫的她居然翻来覆去地失眠了。我问她是不是床不舒服，她对我说："亲爱的，如果这间酒店的客房里能提供一本书看就好了！"是的，"违反"她的习惯让她感到很不适应。

我们每个人都有自己的习惯，我相信你也有。而且，很多时候，一个微不足道的好习惯会对你的事业和生活有很大的帮助。

珍妮在纽约的一家高级餐厅做服务生，她来自俄亥俄州一个不出名的小地方。出于对大城市的好奇，她喜欢观察餐厅里女客人的言谈举止，并在下班后对着镜子模仿她们。久而久之，她养成了这个习惯，还逐渐学习她们穿衣打扮的风格。后来，她试着想到一家正式的公司里工作，但她对自己的工作经历和背景并没有信心。但没想到，面试的时候，她非常自然地展露出一个都市时尚女性的特质，无论是说话还是动作，都让她很得面试官的好感。最后，她成了唯一被录用的人。这一切归功于她在餐厅打工时养成的习惯。

马特是一名推销员，他也有一个好习惯，他把这个习惯称之为"本能"。这是一个什么习惯呢？他在每次成功做完推销后，总是微笑着对他的客户说："先生，如果可以的话，您能否再告诉我几个您朋友的电话，我想您朋友一定也会像您那样有眼光！"马特的这个习惯既恭维了客户，也能帮他赢得一定的潜在客户，当然这并不是次次都能成功的。很多推销员做不到这一点，因为头几次被拒绝后，他们就不去想这件事了。

要知道，好习惯的养成并非一朝一夕的事，这需要以你的自制力作为支撑。而且，一个普遍的事实是：越是难以养成的好习惯，越是需要强大的自制力。

我们都知道刷牙是一个好习惯，而跑步也是一个好习惯。相比起来，跑步比刷牙更难养成习惯，因为前者需要的自制力水平远远高于后者。不过好消息是，一旦你养成了一个好的习惯，你的潜意识就会帮助你自发地去保持它，而这个时候，你可以"脱离"自制力的束缚。也就是说，当你养成习惯后，你就不用再去磨炼自己，因为习惯已成自然。

这种感觉就像《管道的故事》里描写的那样，养成好的习惯如同修建好一条管道，你不用再去辛辛苦苦地挖土了，水会源源不断地流过来，你只需要"坐享其成"。在这个过程中，自制力扮演的角色就是"工具"，一个修建管道的工具。

例如艾玛，她通过60天的训练养成了健身的习惯，这个时候没有人督促她，她也可以自己完成每天的训练。还有前面提到的，我的助理温妮，我给她制订了一个规划自己工作的步骤，她也养成了习惯，帮助她走上了事业的"高速路"。

所以，在这一部分里，我们将会从习惯的角度帮助你提升自制力水平，帮你"修建一条管道"，我希望你能感受到习惯那惊人的力量。

28天，让你一生受益

问一个问题：给你 28 天时间，你能做些什么？

28 天里，你可以看完几部科幻小说，然后和朋友分享一下你的阅读体验；28 天里，你可以学做几道菜肴，让家人一起来品尝美味；28 天里，你可以游走几个城市，感受不一样的异域风情。除此之外，28 天里，你还可以养成一个好的习惯，然后让你的一生都受益于这个习惯。

对于这一点，我自己有切身的体会。

我的导师霍华德·杰克逊曾经向我推荐了一个好习惯：随身携带一个小的磁带录音机，随时随地录下自己觉得有用的想法，甚至是做梦醒来，趁着还有记忆，把那些有意义、有意思的梦讲出来、录下来。然后每到磁带录满的时候，便打开从头听一遍，并记录在纸上。

当霍华德先生向我推荐了这个习惯之后，我决定试着培养它，并买了一个迷你型录音机。我不知道这样做是否能有效果，但我还是照做了。在最初的几天，我还不太习惯在公众场合拿出录音机，对着它讲话让我十分别扭，心想如果别人看到我那么做，会不会觉得我是个奇怪的人？

但是出于对霍华德先生的承诺和强大的好奇心，我还是始终提醒自己做到这一点，即使有的时候产生了某些想法而忘了录音，我也会在当天的稍后时间里拼命回忆并重新录音。一周多时间过去，磁带录满，按照霍华德之前说的那样，我重头播放了一遍，并拿出笔记本做了详细的记录。

我一边听自己的录音，一边心里暗自觉得这真是一个不错的习惯。例如我在最开始时记录的一些想法，如果没有这个录音机，我恐怕早就忘得一干二净了。于是，接下来的日子里，无论是在办公室、邮局、餐厅、车站，甚至是电影院里，只要脑中闪现任何自己觉得有价值的想法、点子，我就录下来。有一次，我夜里做梦起来，想起那个梦，我都拿出录音机赶紧录上那么一段，生怕自己忘了。

一个月下来，我录了三盘磁带，记录了满满十几页。其中有很多想法在后来逐渐变成了有价值的东西。直到现在，这个小小的录音机成为了我最亲密的"伴侣"。甚至后来别人送给我一个高级的电子存储的录音笔，我都还是习惯用这个磁带式的小录音机。

你看，好习惯就这样在不知不觉中变成了我身体的一部分，让我"欲罢不能"，受益终生。但是培养一个好习惯却需要一定的自制力，因为你需要每天反复去让自己适应一个新的动作、新的方式，而这些会打乱你原来的生活习惯，甚至对你的潜意识造成冲击。

下面，我用肖恩的例子来说明这种冲击。

肖恩在 40 岁体检的时候被查出患有心血管疾病，医生要求他立刻停止摄入高热量、高脂肪含量的食物，否则情况会变得非常糟。这对肖恩来说是个很艰难的挑战，长期以来，他从早上开始，一日三餐都习惯于那些高热量和高脂肪含量的食物，是的，他是个典型的"食肉动物"。但现在，医生要求他停止吃那些东西，并开始进行体育锻炼。

他的家人希望他能做到这一点，并为了他的健康，每天的饭菜都以素食为主。肖恩也想过，为了自己和家人，他应该努力让自己的饮食习惯发生改变。但坚持了几天之后，受到冲击的潜意识开始反抗："那些没有肉的东西怎么能叫食物呢！""肖恩，只要少吃点肉就行，别那么委屈自己。"

在原有潜意识的顽固反抗下，肖恩开始动摇，"心理许可"开始发挥作用，于是，他每天在回家之前，都会悄悄地跑到附近的快餐店吃一点油炸食品或煎肉，然后回到家再继续吃素。几个月后，肖恩到医院复查时，身体情况并没有得到丝毫改善。在家人的询问下，肖恩说出了实话。

培养一个好的习惯，同时告别一个坏的习惯，这会让你长期以来培养的潜意识彻底颠覆，所以你必须通过自制力和时间来完成这种转换。

这就像你在院子里栽种了一棵小树，而你不断给它浇水施肥，几天、几周、几年过去后，这棵小树变成一棵参天大树，但是你却发现了一个问题——它把你的房子彻底挡住了。于是你想先移走它，然后种上一些漂亮的花草，但却发现把它弄走是那么困难，而且种花又需要你重复栽种和施肥。

你的院子就是潜意识，那棵你想移走的参天大树，就是你之前不断"施肥"而培养出来的坏习惯，而你想要种的漂亮花草是你想培养的好习惯。如果你想改变院子的全貌，你必须得费点时间和力气，难道不是这样吗？

正如我前面所讲，在这种潜意识的转变过程中，能帮你实现它的最关键两个核心因素就是你的自制力水平和重复的时间，两者缺一不可。如果肖恩的自制力能够让他取消"心理许可"，并坚持 28 天甚至更长时间的话，他将会完全适应素食的生活。

　　要知道很多的素食者都不是天生的，而是因为某种原因暂停了一阵吃肉，但当他们不再需要"戒肉"的时候，他们已经想不起来甚至是不愿意再吃肉了。

"无一例外"原则

有人曾经质疑我："我上回改掉玩网络游戏的习惯，只用了两周，根本不需要 28 天！"我问他："你养成玩网络游戏的习惯花了多久？"他回答我说："嗯，我玩了两个多月了。"

这就是问题的关键，你的坏习惯存在的时间越短，相对来说，你改变它所需要的时间也越短。因为它们就像还未长成参天大树的小苗，你很容易就连根拔起。但现在的问题是，我们往往需要改变的，是我们花了很长时间培养出来的"参天大树"。

芬克有酗酒的坏习惯，这个习惯伴随他 10 多年，从他 20 岁开始就已经养成了，几乎每一天他都要喝个烂醉如泥。他 36 岁结婚之后，没多久他的妻子就发现并要求他改掉这个习惯，否则就和他离婚。这对芬克来说十分艰难，因为他不是一个自制力很强的人，所以他拖拖拉拉地用了半年时间，情况才有所好转。

我可以很负责任地说，如果你想尽快改掉一个长期养成的坏习惯，一定要提高你的自制力水平，否则你肯定无法在 28 天内实现这种转变。

在这里，我向诸位推荐一个原则，我把这个原则称为"无一例外"原则。这个原则非常简单：即在改变坏习惯或养成好习惯的这28天时间里，每一天都要重复新的好习惯，没有一天可以例外。

这个原则简单到可能很多人会对它嗤之以鼻，这算什么原则啊，再说了，这有什么难度吗？

对于耻笑这个原则的人，我向来都只微笑着答复他们一句话："你可以试试！"

"好吧，试试就试试！"人们差不多都会这么说。然后呢？

我在雅虎网站的交流平台上，向公众发起过一场小的活动，就是鼓励大家试试"无一例外"原则，并要求每个参与者真实地跟我沟通他们进行的情况。这个活动有数百位网友报名参加。

辛迪打算试试这条原则，她想在28天之内养成每天早起看一个小时专业书的习惯，但是到了第19天的时候，她起晚了，因为前一天晚上她和朋友泡了一晚上的酒吧。她不得不匆匆忙忙赶去上班，"无一例外"原则被打破了。她发了邮件给我，我鼓励她重新试试。

伯维尔也想试试这条原则，他想在28天之内改掉"从不整理办公桌"的习惯，并想养成"每天下班整理办公桌"这个好习惯。但遗憾的是，在第8天晚上，他的女朋友瑞秋和他闹了点别扭。第9天时，伯维尔一天都在想着用什么方法，能够在晚上哄好瑞秋，结果他忘记了整理办公桌就匆匆离开了办公室。就在当天晚上，他哄好女朋友之后，突然想起来自己忘了整理，于是只好给我留言，表示了歉意。

乔维也计划试试这条法则，他希望自己能在28天之内不吸一支烟，并期待能从此戒掉吸烟。但和我预期的一样，他在一周之后就发来了邮件，他受不了了。路过那些正在吸烟的人，二手烟的香味让他浑身痒痒，他直接放弃了继续尝试。

"无一例外"原则听上去简单，但真正能做到的人却并不多，特别是想根除坏习惯的人。根据我们在活动后的统计，有 77% 的人最终没有坚持到底，有 14% 的人最后没有向我提交结果，只有 9% 的人发邮件表示他们成功做到了。但是我相信，这 9% 的人中，或许有的人对自己稍微"宽容"了一些。

为什么会这样难做到呢？因为在 28 天的时间里，除了要去对抗根深蒂固的潜意识外，你还会面对惰性、突发性事件、诱惑、情绪波动、时间冲突等诸多影响因素，这些因素会让你提前结束这段"旅程"。

是的，坚持 28 天"无一例外"并不是你想象的那么简单，甚至很难！但是只要你下定 100% 的决心，尽管去做，你就可以做到没有例外。请你相信，你下的决心越大，自制力也会越强。

你或许会问，难道我在这期间不可以停止一天吗？答案是：No。你要知道的是，对于自制力强大的人来说，28 天毫无例外根本就是"小菜一碟"。

我的朋友，维恩·戴尔，国际知名的励志演说家、节目主持人，20 多年的时间里，他每天至少跑 4000 米，从未间断过。即使是寒冷的冬天，他也会在房间的走廊和楼梯里跑来跑去，为了做到"无一例外"，他甚至还在飞机上的过道里跑过步！

阿瑟·温斯顿，你或许都没听说过他的名字，他从 18 岁开始在洛杉矶交通局工作，一直工作到他 100 岁生日那一天。这 90 多年的时间里，他从未请过一天病假，半天都没有！他唯一请的一天事假，是在 1998 年他妻子下葬的那一天。1996 年，美国前总统克林顿授予他"世纪员工"的称号。

如果你并没有下很大的决心，甚至连挑战的勇气都没有，我劝你不要尝试这条原则。如果你想触碰它，你必须坚持到底。

坚持就是自制力

　　如果你想要戒酒，那么在任何场合都不要去碰酒杯；如果你要坚持晨跑，即使下雨，你打着伞都要去跑上一圈。无论是改掉恶习还是养成好习惯，坚持就代表了强大的自制力。

　　对于这一点，畅销书作家斯宾塞博士曾说过："水滴石穿的坚持，就是自制力的完美体现，也是创造这个世界的最伟大力量。"

　　人们常把成功归结于个人的天赋和兴趣上，正如很多人都说："比尔·盖茨就是喜欢鼓捣那些电脑的东西""巴菲特就是对投资有天赋"。

　　但是我却反问这些人："对电脑感兴趣的人千千万万，为什么像比尔那样的成功者却寥寥无几？""对投资有天赋的人也数以万计，华尔街里就有无数这样的人，为什么没有几个像巴菲特那样成功的，还有好多破产的？"

　　这些人被我问住："啊，这我就不知道了！"

　　我更进一步地问他们："你最清楚你的天赋和兴趣，为什么你不能依靠它们取得成功？"

"……"人们不知道如何回答。但是他们心里会想："对啊，为什么不是我？"

"我明明在写东西上面很有天赋，为什么我成为不了作家？"

"我对跳舞很有兴趣，也学过一段时间，但为什么我却总跳不好呢？"

"我是天生的'外交家'，别人都这么说，可为什么我总卖不出产品去？"

是啊，我也很奇怪，为什么成功的不是你？

你的天赋和兴趣为什么不能换来成功？甚至连片面包都换不来呢？

拉里·乔·伯德是前 NBA 著名球星，一代传奇人物，拥有三枚总冠军戒指，被球迷们亲切地称为"大鸟"。尤其是拉里的三分球得分能力，是他能够率领球队获得冠军的有力保证。人们问他："你是怎么做到的？"拉里笑着回答说："我在上中学时就开始练习三分球投篮了，每天早上投 500 次篮然后再去上学，我坚持这么做直到我成为一名职业运动员。"如果你能坚持这么做，你不需要多高的天赋，你也可以成为一名优秀的球员。

艾迪·范·海伦是美国摇滚乐届杰出的吉他手，他无论是弹琴的速度还是精准度，都令其他乐手望尘莫及。他是怎么做到这一点的呢？他从上中学开始接触吉他后，每天都抱着吉他练习 5 个小时以上，而成为职业乐手后，只要不演出的时候，他依然安安静静地坐在那里练习弹琴。如果你也能坚持这样做，就算你对吉他没有兴趣，你也一样弹得比任何人都好。

你看，无论是拉里·乔·伯德还是艾迪·范·海伦，他们都是坚持的受益者，这种坚持超过了天赋、兴趣所能带给他们的能量。我敢和你打赌，你就算没有某一方面的天赋，只要你能坚持练习、刻苦学习，你一样能获得成功。

在我看来，我的女儿菲比绝对没有任何美术的天赋，从 6 岁开始她正式学习绘画，我就发现了这一点。别的小朋友画的作品看上去那么好看，可小菲比的画看上去总是"皱皱巴巴"的。有一次，她画了一只猫，但我怎么看都不像动物。还有一次，学校举行孩子们的绘画作品展，我看到小菲比的画被老师们放到了最边上不起眼的位置。

不过我从没有打击过她的积极性，我只是对菲比说："亲爱的，如果你喜欢画画，你可以把它当成你未来的职业。"

"真的吗？爸爸。"小菲比疑惑地看着我，"同学们都画得比我好呢。"

"才不呢，爸爸认为你画得非常好，一点都不比别人逊色，画什么都很像！"我说了一个善意的谎言。

小菲比对我的话深信不疑，只要一有时间，就拿出画笔练习画各种东西。这让我和妻子有点担心，因为画画占用了她大量的时间，会不会影响她在其他方面的学习呢？如果她能够在自己比较有天赋的方面下工夫，例如音乐和运动，会不会比每天都埋着头画画更好一些呢？

虽然很纠结，但我们还是鼓励小菲比继续练习画画，并经常夸奖她。慢慢地，我发现菲比画得越来越好，超过了大部分同龄的孩子，还赢得了市里儿童绘画竞赛的奖杯。拿奖归来的路上，在车里我对她说："菲比，你看，只要你感兴趣，你就一定能做好。"

小菲比扭过头认真地对我说："爸爸，我对画画并不感兴趣。"

"什么？那为什么你每天都在画画呢？"她的回答让我很吃惊。

"那是因为，你很早就夸我'画得非常好'，我喜欢你和妈妈夸我，所以我就一直在画。"小菲比抱着奖杯笑嘻嘻地说。

"你看，我们没有夸错你吧。"我伸出手臂，轻轻拍了拍小菲比……

在此之后，菲比一直坚持学习美术绘画。20多年过去了，菲比虽然没有成为画家，但却成为了一名出色的服装设计师，连桑德拉·布洛克、珍妮弗·安妮斯顿都曾穿过她设计的服装！这一切要归功于她对美术的坚持。

所以，你可以没天赋，也可以没兴趣，但你只要找到一个说服自己去做某件事的理由，并坚持到底，你就可以做出一番成就来。小菲比学习画画的理由——喜欢被称赞，虽然听上去孩子气十足，但对她来说却足够了。并且，最重要的是，她坚持了下来。

那么，你呢？

邀请几个监督员

当你担心自己的自制力，还不能支撑你实现 28 天习惯养成的话，你可以做的一件事，就是邀请别人来监督自己。不要害羞！

多数人喜欢自己闷头培养习惯，他们会对自己说："瞧我的！我一定怎样怎样"，还有人会想："我自己的事，根本没必要让别人知道。"

但这样做并不好，因为人们在缺乏监督的情况下，往往会变得不自觉。主要原因是人们的潜意识里会有这样的想法："反正也没人知道，何必为难自己。"的确是，人都是这样，喜欢追逐那些让自己感到轻松的事物，尽量逃避那些让自己"为难"的情况。这就是惰性产生的内因所在。

惰性一旦侵袭你的思想，你的自制力就会下降，结果是，你变得不自控了。所以你必须想尽办法，制约你的惰性。我推荐你向别人求助，邀请别人来监督你。

在本书的第二部分里，我讲过自己为一家公司提高工作效率的做法，你还记得吗？在当时，我让每个员工制订了当日的工作计划，并随机由其他同事帮助检查。这其实就是利用别人进行监督的道理。

而现在，我们更进一步，主动邀请别人参与到我们的习惯养成中，帮助我们克服惰性并提高自制力。你会发现，只要你迈出这一步，后面就会变得简单很多。你可以请那些和你志同道合的朋友来一起互相监督，也可以把你的计划告诉给别人，总之，这都管用！

丹尼尔·巴登是我早期的学员之一，刚认识时，他的自制力水平处于很低的级别。当我为大家讲到"习惯力量"这一部分时，我给学员们布置了一项作业：28 天培养一个好习惯，并使用"无一例外"原则。

每个人都在训练营的黑板上写下自己要培养的习惯：

"我是麦克·丹奇，我要在 28 天之内养成每天 5 点钟起床工作的习惯，无一例外！"

"我是海伦·洛根，我要在 28 天之内养成每天练习一个小时瑜伽的习惯，无一例外！"

"我是安东尼·布鲁默，我要在 28 天之内养成每天看两个小时书籍的习惯，无一例外！"

……

最后，轮到丹尼尔写了，他走到黑板前，拿起粉笔哆哆嗦嗦地写下他的计划：

"我是丹尼尔·巴登，我要在 28 天之内养成每天学习三个小时法语的习惯，无一例外！"

看到丹尼尔一边写，头上不断冒汗，我察觉出他对自己的自制力并没有足够的信心。于是，我做了一个令他吃惊的举动，我当着所有学员的面，大声地问他："丹尼尔，你写得不是很清楚，请你向我们大声说一下你写的是什么好吗？"

丹尼尔被我突如其来的要求吓了一跳，只好硬着头皮对大家说："好吧。我……我是丹尼尔·巴登，我要在 28 天……"

"丹尼尔，你的声音太小了，你看海伦伸着脖子在听，她肯定是因为听不清你在说什么？是吧，海伦？"我冲坐在后面的海伦使了个眼色。她站起来大声说："是的，请你大声点。"

丹尼尔的手更哆嗦了，不过这回他鼓足了勇气，脸憋得通红，大声地向我们所有人宣布："我是丹尼尔·巴登，我要在 28 天之内养成每天学习三个小时法语的习惯，无一例外！"

"好的，丹尼尔，你让我们所有人都听得很清楚。"我拍了拍他的肩膀，然后冲着会场说："海伦，你看，为了你，丹尼尔的脸都红了，你是否应该表示一下呢？"

大家发出了笑声和叫好声，海伦和丹尼尔有点不知所措。

我停顿了一下接着说："海伦，我想请你每天给丹尼尔打个电话，监督他学习法语，28 天之后他一定会变得非常浪漫，像法国人那样。你看可以吗？"

全场又一片笑声，海伦笑着回答："没有问题！"

我转头问了一下丹尼尔："你不介意一个美女每天给你打个电话，聊聊天吧？"

丹尼尔有点迷茫地说："我想，应该没有问题吧。"

"好，那就这么定了，还有人愿意给丹尼尔打个电话吗？"我转身又问大家，大多数人都飞快地举起手来。

"OK，安东尼，刚才你'叫好'的声音最大，这个活也交给你。"

"哈哈，保证完成任务！"安东尼是一个活跃分子。

就这样，我帮丹尼尔邀请了两个人监督他完成学习的计划。结果是，一个月后，丹尼尔不仅坚持做到了，还站在会场中间，用法语为我们朗诵了一首小诗，并且他和海伦以及安东尼也成了非常好的朋友。

在丹尼尔朗诵完诗歌之后，我让他分享了这 28 天的感受，他很激动地说："我曾经试过学习法语，但是好几次我都没有坚持下来，因为法语又枯燥又难，不像别人说的那样。而这一次，有了两位朋友的监督，我在 28 天时间里做到了'无一例外'的学习，现在，对我来说，每天都坚持学习已经变得非常轻松了。"

"谢谢你的分享，我敢打赌，你会变得越来越浪漫，整个纽约的美女都会被你迷住！"我夸奖了丹尼尔，他经历了这样一个艰苦的过程，我相信他的自制力已经提高到新的水平。

让别人监督你培养习惯，能在无形中带给你压力和动力：如果你做不到，你会在别人面前变得尴尬；如果你做到了，你会在人们面前变得自豪！所以这种来自外界的压力和动力，能够有效地激发你的自制力。

这就像你给皮球一定的压力或给它来上一脚，皮球就能飞起一样。但你闷声不响地去执行计划时，就只有自己给自己的压力，而这种压力多半会被你的惰性所吞噬掉，所以才会出现你无法坚持的局面。

而且，你邀请监督你的人对你越重要，数量越多，就越有利于你坚持下去。想想那些出色的橄榄球队，只要现场观众越多，支持声越大，他们就能发挥得越出色。而相反，在平时的训练对抗中，小伙子们反而提不起精神——没人来看！

所以，不要让你的计划"神秘化"，找到你的观众，邀请他们来观看，然后卖力地"表演"吧！

想偷懒时，用"IDR"对策

尽管我是教授自制力的专业人士，但我也和你一样，也有疲惫不想工作的时候，我也会想着发给自己一张"心理许可"，让自己轻松快活一下。在疲惫和厌倦的时候，人人都想懒惰一把，多正常啊。

但我知道，那种感觉对我并不重要，因为每当懒惰来袭，我有三个对策可以对抗它，我把它们称为"IDR"策略。就像三个职业后卫来阻挡对方前锋的攻击那样，我会把懒惰牢牢地封死在本方的"禁区"里。

当你在28天习惯养成的过程中犯了懒，不要着急，除了可以邀请别人监督你以外，你还可以试着使用"IDR"策略，这样就会精神百倍地重新投入"战斗"。

1. 幻想自己（Imagine Yourself）

这个策略来自我的一次经历。那是我20几岁身体发胖的时候，我打算通过每天长跑来进行锻炼。这对于胖人来说并不容易，特别是冬天，寒冷的风吹来，谁都想舒舒服服地坐在家里喝着咖啡、读书休息。

是的，跑了几天之后我犯了懒，我一边咒骂着寒冷的冬天，一边想着回到我的"安乐窝"。就在我犹豫不决的时候，身边跑过的路人微笑着冲我打了个招呼，我也冲他们打了招呼，然后看着他们逐渐跑远的身影。我突然蹦出一个念头："在他们眼中，我现在是什么样的呢？"

我开始幻想自己跑步的样子：一个胖乎乎的、步伐沉重的男人，脸上的表情痛苦又扭曲，正在大口大口地喘着气，好像一副受尽折磨的样子。难道这就是我想带给别人的印象吗？我幻想着自己跑步的丑态，感到十分羞愧。

无论怎么跑都是跑，为什么不能换个样子呢？如果我看上去步伐轻松、动作优美，脸上保持着轻松的微笑，小口呼气保持平稳，每个路过我身边的人一定会这么想："嘿，看那个人，他虽然胖，但是很享受跑步啊。"

是啊，我为什么不换个状态呢！于是我试着调整了跑步的节奏，对路过的人都微笑着点点头，人们也对我回以笑容，这个改变让我感觉非常不错，我觉得自己不是在做一件苦差事了，而是在城市的中心享受运动，并给别人带去温暖。

当你在做某件事时，你可以幻想一下自己正在做它的样子，如果你做得很好，你就保持住；如果你做得不好，你就改变它。

2. 描绘愿景（Describe the Future）

近20年来，全世界大多数的励志专家，都在用"看见你想要的，得到你看见的"这个理念激励听众。虽然这很老套，但确实管用。

这个理念是什么意思呢？其实核心就是我们常说的目标，只不过是更具象的目标——愿景。比如你的目标是成为有钱人，那么愿景就是住在海边的别墅，开着保时捷或宾利，银行账户有上千万的美金等。

这听上去有点让人兴奋，不是吗？其实当你在进行习惯培养时，也可以使用这个策略。打个比方，你想养成每天都整理文件的习惯，那么当你想偷懒时，你不妨停下来，拿出几分钟时间进行冥想，在心里描绘一下习惯养成后的愿景。

那会是个什么景象呢？你的所有文件都规规矩矩地摆放在固定的位置上，你不会再为找不到东西而抓狂，你会工作起来既有成效又轻松，这个习惯甚至让你连自己的住处都保持整洁……

你一边休息身体，一边在心里描绘愿景，然后你就会积极主动地开始整理文件，把今天收到的电子邮件、纸质文件等各种文件分门别类地放好，然后再下班。如果你的愿景描绘得够好，你还可以在回家后整理一下自己的房间。

3. 即时奖励（Reward In Time）

找到你最喜欢的事物，把它们作为一种奖励。当你在今天战胜懒惰时，就把这种奖励颁给自己。

这个策略，学员们在实际应用中取得了我想要的结果。例如拜隆，他把看一部电影作为对自己的奖励；而威廉姆，他把打一个小时的桌球作为对自己的奖励；还有凯蒂，她对自己的奖励是吃上一块儿糕点，不过我建议她最好换成别的，因为那会让她变胖；斯蒂芬对自己的奖励则是看上一会儿漫画书……

总之，学员们都通过自己最感兴趣的事情来帮助自己实现计划，有效地抵制了懒惰的滋生。不过需要注意的是，我不推荐通过美食、购物、饮酒、吸烟等方式作为对自己的奖励，因为那容易在你养成好习惯的同时，养成了附带的坏习惯，得不偿失！

现在，对于想培养好习惯的你来说，不妨试试"IDR"策略，它会帮你提高自己的自制力和自律性，远离惰性的困扰。

而进一步讲，"IDR"策略不光可以用在习惯的养成上，还能在你生活和工作的其他方面起到促进作用，当你试着用它们约束自己的时候，你会发现，它们真的很棒！

也许你根本没找到问题的根源

为什么有时候你会觉得，明明并不难养成的习惯，但却总是做不到？是我们的自制力出了问题，还是我们根本就没有找到问题的关键？在回答这个问题之前，我们来一起看看莎洛蒂的经历。

莎洛蒂是个很勤奋的职业女性，她对自己的要求从未放松过。一年之前，她希望养成一个有助于她事业的习惯——每天早上5点钟起床阅读商业书籍。但是，她试过很多回，总是以失败告终。没坚持几天，就回到了7点起床匆匆忙忙去上班的情形。这让她很苦恼，她觉得自己的自制力不够好，便请我给她一定的指导。

"莎洛蒂，我们一起来探讨一下，为什么你很难坚持做下去，好吗？"听了她的描述，我希望能帮她找到问题的根源。

"好的，我觉得自己的自制力不够好，尽管我下了很大的决心，但是我还是无法坚持每天都做到早起。"

"我想知道的是，闹钟响起时，你的感觉是怎样的？"我问她。

"我感到很累很困，大部分时间我真的不想起。"她很诚实地说了自己的感觉。

"那么，为什么你会感到很累很困呢？只是因为闹钟设得很早吗？"

"哦，我想想，是这样，我睡得比较晚，早起会让我睡眠不够，所以我才会感到非常困。"莎洛蒂说。

"好，你看，问题的关键已经浮出水面，为什么你会睡得很晚？你失眠吗？"

"那倒没有，只是，我每天有太多事情要做，有时候需要熬夜才能完成。"

我看出莎洛蒂有一点轻微的黑眼圈，我知道这是长期熬夜的结果，"是你给自己订太多的计划，还是别人要求你做那么多的事？"

莎洛蒂想了想说："嗯，我想我大概高估了自己吧，我总是给自己制订计划，但是好像总是要比计划完成得慢。"

"那你做事的效率如何？"

"说实话，不是特别高，我做什么事情都有点慢条斯理的。有些时候，我也注意到我有这个问题，明明上午应该打完的电话，我会下午才能打，呵呵。"莎洛蒂苦笑了一下。

"但是你每天都能完成你的计划，对吗？"

"是的。"莎洛蒂点点头。

我沉思了一下，然后对她说："莎洛蒂，我并不认为你的自制力很差，你能每天都完成自己的计划，你已经很厉害了。"

"哦，是吗？"她微笑了一下，估计心里美滋滋的。

"先不要高兴太早，你有没有发现，你起不来是因为睡得晚，睡得晚的原因是事情没弄完，事情没弄完是因为你白天做事效率不高，我说得没错吧？”

莎洛蒂想了想，点了点头："是的，我的效率确实不太高，但我一直在做事。"

"效率不高的原因是什么？是因为你有拖延的习惯，对吧？"

"是的，我确实有这个问题。"

"所以，我们换个方向考虑这件事，如果你能改掉拖延的习惯，你就会提高做事的效率，效率提高了，你就能按时完成任务，并早点休息。早睡会让你得到充足的睡眠，5 点钟起床你也不会感到那么困了。我们可以这么理解吗？"

"是的，我觉得您找到了问题的根源。"

"那么，现在你需要解决的不是培养 5 点钟起床的习惯，而是改掉你拖延的习惯，从根本上解决问题，你同意我的观点吗？"

"我同意！"莎洛蒂使劲地点点头。

在这之后，我帮助莎洛蒂把习惯从每天早起转移到了改掉拖延的习惯上面，在 28 天时间内，莎洛蒂提高了工作的效率，可以做到晚上 11 点前睡觉。而在这之后，我们又用 28 天"无一例外"原则帮助莎洛蒂做到了每天 5 点钟起床。而再后来，习惯成自然，莎洛蒂在一年时间里看完了38 本商业书籍。她还专程到我这里表示感谢。

有一些人像莎洛蒂一样，其实他们的自制力水平并不属于较低的层级，只是一些坏习惯牵绊了他们，限制他们走得更远、飞得更高。而改掉这些坏习惯，则需自制力作为支撑，坚持 28 天"无一例外"原则后，习惯即成自然。

不过，你需要特别注意的一点是，很多事物并不像你表面看到的那样，特别是习惯和习惯之间，往往存在一定的关联性。在莎洛蒂的案例中你可以看到，导致她无法养成早起习惯的原因，是因为她有做事拖延的习惯，而当她改掉了拖延之后，再让自己早起就变得容易很多。

所以在你准备改掉一个坏习惯之前，请先思考为什么会有这个坏习惯，是不是有什么根本的原因，你没有意识到？如果你不能从根本上解决，早晚你还会养成那个坏习惯。这和不切除肿瘤，癌细胞还会扩散，是一个道理。

你可以试着做这个练习，然后找到问题的关键，再做打算！

为什么我经常暴饮暴食？→因为我经常不按时吃饭，肚子很饿才会吃很多！

为什么我考试总要作弊？→因为我经常逃课，考试时脑子里一片空白！

为什么我总是工作效率低下？→因为我从不提前做出规划，大部分时间都用在发呆上面！

为什么我经常吃汉堡、炸鸡那种垃圾食品？→因为我经常连续玩很长时间电脑，只能订快餐！

为什么我＿＿＿＿＿＿＿！？→因为我＿＿＿＿＿＿＿＿＿＿！

替换，而不是抹去

吸烟导致肺癌，酗酒诱发肝病，跑步带来健康，减肥赢得形象。一句话，习惯的好坏决定了你生活质量的高低。如果你有很多生活和工作上的坏习惯，我劝你趁早改掉它们，否则你将自食苦果。

但是改变并不容易，否则的话，世界上将会有 30 亿人停止吸烟，10 亿人不再酗酒，3 亿青少年告别网络游戏。正如我在前面所说，坏习惯一旦养成，在我们的潜意识里根深蒂固，想要改变就会非常困难。

因为长期看书和写作，我养成了"久坐不起"的习惯，我的医生建议我尽量改掉它，因为这会诱发颈椎病和心血管疾病。我试着设了个闹钟，每工作一小时提醒自己站起来活动 10 分钟，但是站起来后，自己在屋子里溜达了几步，没两分钟又坐了回去。我知道这样起不到太多的改善作用，我便开始向大脑提问——我可以站起来做点什么事情呢？一边想，我一边列了个单子：

☆ 泡杯茶或煮杯咖啡

☆ 站在阳台上看会儿风景

☆ 买一台跑步机跑上 10 分钟

☆ 打开电视看 10 分钟新闻

☆ 到街上吹吹风

☆ 用电脑上网打一会儿扑克

……

我列了十几条，然后思考它们的可行性：喝过多的茶和咖啡对身体无益；对面阳台上的风景实在单一；我已经有早上跑步的习惯所以无须再用跑步机；到街上吹风容易被吹感冒；上网打扑克容易成坏习惯……看新闻这个不错，但是眼睛得不到缓解，有没有更好的选择呢？

对了，我一拍脑袋突然想起来，我每天都要拿出一两个小时和学员们进行定期沟通，询问他们自制力训练的情况，为什么不把这些电话分散一下，在我工作的间隙站着打给他们呢？我为什么非要坐在椅子上，舒舒服服地打给他们？

我拿出记事本，翻开今天的工作列表，这是我昨天下班时已经做好的。上面有我今天要打的电话列表，下午 3 ~ 5 点我要分别和 9 个学员进行电话沟通。我决定尝试改变一下，但我的习惯是按照工作列表进行工作。于是，我把工作列表修改了一下，并不规定自己在哪个时间段打给哪些人，只是把人名、电话和沟通内容一行行写了下来。

我开始尝试培养这个习惯：在工作一个小时后，拿起电话，一边溜达一边打给我的学员，每次至少打上 10 分钟。如果有一天定期沟通的学员没有那么多人的话，我还可以打电话给我以前的学员或朋友，这样能够让我的人际关系更稳定。总之，我要把工作间隙打出的电话人名单安排好，每打完一个电话，做下记录然后在人名前面画对号。

是的，我开始那么做了，我工作了一个小时之后，闹钟响起，好像在说："嗨，你该给戴尔公司的詹姆斯打电话了，顺道活动一下身体！"于是，我停止手上的活，站起来拿起电话，打给詹姆斯。

"你好，詹姆斯，我是你的自制力教练。不知道你最近是否坚持进行自制力的训练？"

"哦！你好，先生，我最近正在练习抵抗外界干扰，觉得自己有了很大的进步，不过我现在有一点疑问，我能向您咨询一下吗？"

"当然，我打电话的目的就是为了了解你的情况，你有什么问题都可以向我咨询。"

"那太好了，是这样……"

……

我一边在房间里溜达，一边拿着电话帮助詹姆斯解决他的问题，这种感觉很好，我感觉我既把时间花得有价值，又可以让身体得到调整。

这个电话打了15分钟，打完我坐回椅子上，在记事本上做了简单的记录，并在詹姆斯的名字前打了对号。我看了一眼，下一个电话我要打给住在密尔沃基的萨拉，她是一个小型食品公司的创始人。调好闹钟，让我继续埋头工作吧。

因为我在上午临时调整了工作记录，于是我比之前下班的时间晚了很多，但我把今天要打的电话都打完了，完成的事情也比之前更多，并且我做到了定时起来活动，还不觉得枯燥。

很快，我养成了这个习惯，只要没有安排教学和演讲，我就会每隔一小时起来打上一两个电话。而且，我也不会像之前那样，连续打上一个多小时，弄得自己口干舌燥。

而且我发现，养成这个习惯并不需要太强的自制力作为支撑，因为这些电话是我必须要打的，只不过我把他们分散了一下，分散在不同的时间段里。我既完成了工作任务，还改掉了"久坐不起"的习惯，让我的身体得到了定时缓解。

我认为这就是用好习惯替代坏习惯的策略，你也可以试试那么去做。畅销书《习惯的力量》的作者杰克·霍吉也向大家推荐过这个策略，他成功地用嗑瓜子来替代吸烟的习惯。现在，你也试试看，总结坏习惯，找到好习惯，用自制力作为支撑，28天完成替换！

我的坏习惯是：＿＿＿＿＿＿＿＿＿＿＿＿＿＿＿＿＿＿

替代的好习惯：＿＿＿＿＿＿＿＿＿＿＿＿＿＿＿＿＿＿

加油！

养成以后，保持住

我始终会对我的学员提出这个要求："28 天习惯养成之后，千万不要放松自己，要把习惯坚持下去。"你可以通过贴标签、定期让别人监督等方式，来让自己保持住习惯。

因为 28 天后你的好习惯已经植入你的潜意识中，你会觉得重复它非常轻松、自然，不需要消耗你太多的自制力。在你培养完成它之后，坚持 3 个月，你会让它成为身体中坚不可摧的一部分。你甚至不用去想着有这回事，它就会自动跳出来为你"效劳"。

想想看，如果你每隔 3 个月养成一个十分稳定的好习惯，那么一年 12 个月，你可以养成 4 个好习惯，而 10 年下来，你就可以积累 40 个好习惯，如果你做到这一点，你的生活状态将会发生翻天覆地的变化，你将会成为世界上最健康、最成功的人。

在我所知道的人中，"世界第一销售教练"汤姆·霍普金斯是好习惯最多，也是最受益的一个人。

在他刚进入社会的时候，为了谋生，汤姆在建筑工地打工，每天扛钢筋让他浑身酸痛，他坚信一定会有更好的赚钱方法。在那段时间里，汤姆开始接触各种成功学、名人的书籍，他一边工作一边养成了阅读的习惯。这对他帮助很大，因为他知道自己还需要从哪些方面提高自己。

为了改变自己的生活，汤姆开始从事房产销售的工作，在最开始的岁月里，他的业绩可以用惨不忍睹来形容，半年时间才赚了几百美金，但这并没有让他放弃。他参加了金克拉的培训课程，并大受启发。他凭着自己的自制力，开始练习改变自己的习惯。这让他在短短几年时间内，就成为销售界最成功的销售员。

他创造了销售界的奇迹，在一年时间里卖出 300 多套房子，平均一天就卖出一套，他在 3 年之内赚到了 3000 多万美金，不到 30 岁就成为了千万富翁，现在他在全世界各个地方进行销售培训，听众多达数百万人。无论他做什么，都能成功！

我们来看一下汤姆在从事销售的阶段都养成了哪些好的习惯，让他能迅速脱颖而出：

☆ 每天 5 点钟起床，准备工作

☆ 吃早餐时读报、看书

☆ 每天打 100 个电话

☆ 记住客户的名字和爱好

☆ 认真倾听每一个客户说的话

☆ 保持微笑，展现真诚

☆ 周末锻炼身体，保持状态

☆ 第一时间回复客户的电话和留言

☆ 每天工作结束写销售记录

☆ 见客户前对着镜子检查自己的穿着

☆ 从不迟到和违约

☆ 定期联系老客户

☆ 每月和其他行业销售员联谊

☆ 控制自己的脾气

☆ 每天都自己调整情绪

☆ 给每个待售的房子拍上 50 张照片

☆ 夸奖客户的眼光

☆ 耐心解决客户的异议和抱怨

☆ 定期剪指甲和做护肤

☆ 去哪儿都发放精心设计的名片

或许很多销售员都有一些好的习惯，但汤姆的好习惯有太多了，你会感觉到汤姆每一天的每一个时间段，都有好习惯为他服务，从早到晚。

我相信一些大一点的习惯你肯定注意过，但有的小习惯例如剪指甲之类，你或许都从未留意，但汤姆注意到并养成了。这些大大小小的好习惯，"组成"了汤姆，一个充满热情且值得信赖的销售员。

最重要的是，这些好的习惯不仅可以帮助他创造销售奇迹，更是在他创立培训集团，并成为销售教练后，一样为他"效劳"。他从未在演讲开场时迟到，而且会检查好自己的形象后上场，并微笑着讲完全场，第一时间回应听众突然间的发问。这些好习惯就是他身体中的一部分，他离不开它们，它们也离不开汤姆！

真是这样，例如早起、微笑、健身、社交、沟通、形象、工作等诸多方面的好习惯，无论你做什么都能帮助到你。如果你有意识地从这些方面入手培养习惯，我相信你做什么都能成功！

这就是习惯成自然的力量，不断养成好习惯，清除坏习惯，坚持这个循环，在你头脑中描绘出的美好蓝图，一定可以变成现实。

◇有效练习6　养成"每天整理文件"的好习惯

一个人可以养成的好习惯有很多，这里我以"每天整理文件"为例，谈谈好习惯的养成过程。

Step 1　列出这个好习惯的益处

为什么要养成这个习惯？你需要理由，也需要动力，列出所有你能想到的理由，写下来。

比如，整理东西不应该是一个间歇性的习惯。你一定知道，不管是电脑里的文件，还是办公桌上的文件，都需要整理，这有助于你提高工作效率。但是，假如你没有定期整理的习惯，那将是一个浩大的工程，于是你更加不想动手去做，因为那需要消耗大量的时间。所以，每天花一点点时间，把文件整理一下，就可以轻松地解决这个问题。这就是养成这个好习惯的益处，也是它的重要性。

Step 2　制订具体计划

你告诉自己要养成每天早起的好习惯，这是一个非常模糊的计划。到底几点算早起？8点钟还是9点钟？不够具体的计划，很难想象你能实施下去。你把它换成"我要每天7点钟起床"或者"我要比现在早起半小时"，这种计划的效果会更好。

每天整理文件也一样，你计划每天在什么时候、花多少时间、怎样整理文件?

所以，你的计划可以是这样的：每天下班之前，花 5 分钟时间，把桌子上今天新增的文件分门别类归档。在电脑上建立一个文件夹，把每天所有下载的软件、收到的文件、新增的文档等，都放在这个文件里，下班之前删除不需要留着的文件、把每一份文件准确编号命名方便以后查找，同时还要整理邮箱……

我相信这样具体的计划，执行起来会更有效。

Step 3　坚持 28 天"无一例外"原则

坚持 28 天，通常就能帮你把这个好习惯固定下来了。在这个过程中，你可以给自己制作一份习惯记录表格，也可以选择一款好的记录工具，我希望上面的每一天，你都无一例外坚持了好习惯。就算你今天没什么文件好整理，也要把邮箱里的广告邮件清理掉，这就是"无一例外"。

在这个过程中，你可以把监督员、"IDR"对策、奖惩措施等方法结合起来使用。

比如，可以让亲人或朋友不定期询问你"今天你整理文件了吗"，你要足够诚实地回答，如果没有，就要有相应的惩罚措施。当你有"算了吧，明天再一起整理吧，工作量不会太大"这样的念头一旦冒出来，马上就要制止它，想象自己找文件怎么都找不到时焦急的样子，想象你浪费了多少时间在上面，然后马上行动起来。

如果有一天你忘了整理，那么之前的天数都要清零，从第二天开始，你要重新计算周期。

第七章

使用自制力，开启新的人生体验

打造一份署名为你的计划书

我的学员苏珊，在帮助她锻炼自制力之前，她的生活可以用"无欲无求"来形容，打打零工赚点钱，不会去想着未来会怎样。就像一只漫无目的漂浮在海上的小船，她不知道自己从哪里出发，要驶向哪里，所以她的自制力会长期停留在特别弱的状态。

在我帮她培养自制力之前，我已经认识到了这个问题。我必须先要帮她找到生活的目标，这会给她带来改变的渴望。只有明确了航线，人生的小船才能全速前进，否则就会像电影《盗梦空间》里的小陀螺那样原地打转。

反过来想，如果你没有任何渴求，你又需要自制力做什么呢？

渴求是一种很奇怪的心理，它能激发出人们强大的自制力。而且这种状态越强烈，你的自制力也会越强大。请记住：你内心里越是渴望得到的事物，越是能激发你在获得该事物方面的自制力。这是一条重要的原则，我管它叫"渴求原则"，自制力修成的很多要诀和练习，都是根据这条原则而制订的。

所以，在打造这份署名为你的计划之前，我想先问问你："你的人生有什么追求？有方向或者目标吗？"如果没有，那么这份计划是毫无意义的。

显然，苏珊的人生没有追求，我要先帮她找到梦想。虽然梦想看起来很遥远，你根本不知道能不能实现，但所有的一切就从这里出发，你至少要给自己一个起点。

你必须找到自己热爱的事情，事关自己人生意义和人生价值的事。心理医师克利斯汀（Kenneth W. Christian）认为："唯有如此重要的事，才值得你付出所有努力，即使失败了也在所不惜。"

我和苏珊聊天，问她心里真正渴望的是什么，她说自己也不清楚，现在这样自由自在的状态就很好。我问苏珊："仔细想想看，做哪些事的时候会让你有成就感或者幸福感？比如，当你们告诉我自己的自制力又提升了，我会特别开心。你呢？是给顾客端上咖啡他们说谢谢的时候，是穿上漂亮裙子被搭讪的时候，还是帮助了别人以后？"

看她还是一脸迷茫，我继续问她："如果现在我是上帝，你想做的任何事情我都能让它成功，那么你最想做什么？"

就这样一点点引导，终于，苏珊说："我喜欢做小工艺品，好像我还挺有天分的，朋友们都很喜欢。我送给他们的时候，感到很开心。"

"很好苏珊，那么想想看，假如有一天，你设计的小工艺品销售到了全世界，名人也戴着它去参加活动。大家都很喜欢它们，感谢你为他们的生活带来了如此美好的艺术品。你会开心吗？"

苏珊的眼睛亮了起来："当然了！可是，谁会买这些小玩意儿呢？我又不是著名设计师。"她马上否定了这个可能，但我能看到，这个场景很吸引她。

于是我鼓励苏珊："我们来试一试好不好？就当是在进行自制力练习。我们一起制订一份计划，然后你严格按照计划执行，我来监督你，这个过程中你的自制力一定会提高。最后就算没有结果也没关系，至少你提高了自制力。"苏珊答应了。

我们一起制订了下面一份简单的计划，大纲是这样的。

收集图片。制作手工艺品，并且请求朋友们帮忙，把自己送给他们的礼物拍成漂亮的照片发给自己。

开始销售。把这些手工艺品放在一些商店寄卖，并且接受客户预订；同时也把这些图片放在购物网站上销售。

其他途径。把这些图片发给饰品公司。

苏珊郑重地在计划书上签上了名字。在我的督促下，苏珊勤快地动手开始做。虽然一周以后她才在购物网站上卖出了第一件饰品，但她非常开心。在这个过程中，她表现出了极强的自制力，没有这种自制力，我相信她很难坚持到把第一件饰品卖出去。现在，苏珊已经成为了一名小有名气的独立设计师，正在注册自己的品牌，每天忙得不可开交，我上一次见到她，发现她整个人都变漂亮了许多。

我的另一名学员科瑞恩，今年 32 岁，已经取得了建筑师执照。他有着非常明确的人生目标——成为顶级建筑师！所以他的计划制作起来很容易：

33 岁，要设计出能够吸引媒体目光的建筑；

35 岁，成立自己的建筑师事务所；

36 岁，获得至少一个建筑奖项；

37 岁，在全国建筑竞赛中拿到名次；

38 岁，在纽约成立分公司；

40 岁，在欧洲成立办公室。

有了计划，关键是执行，运用你的自制力，监督自己去执行。船王哈利曾对他的儿子说过这样一句话："你以为你走进赌场是为了赢谁？你要先赢你自己！控制住你自己，你才能做天下真正的赢家。"就是这样。

实现一个现在就能实现的愿望

我听说，医学生中流传着一个笑话："谁诊断肺炎更准确，是手执听诊器的威廉·奥斯勒，还是一台 X 光机？"虽然这是调侃威廉·奥斯勒（Sir William Osler，1849—1919）的话，但你可以看到，他一定是个了不起的人物。

威廉·奥斯勒，一位加拿大医学家，牛津大学医学院的钦定讲座教授，也是创建霍普金斯大学医学院的"四巨头"（The Big Four）之一，被称为北美"现代医学之父"。今天我要讲的，是他年少时候的一个故事。

1871 年，奥斯勒 22 岁，正在和大部分年轻人一样为自己的未来烦恼。其实早在四年前，18 岁的奥斯勒还在多伦多三一学院主修神学，但他发现自己不喜欢这个专业，第二年他转入多伦多大学医学院就读。两年以后，又转入麦吉尔大学医学院学习。这里的学习条件更好，但课程压力也更大。跟很多年轻人一样，奥斯勒迷茫了。

他不知道自己的未来在哪里，他怀疑自己不能通过期末考试，他不知道自己能不能创造伟大的事业，他想象不到毕业以后是自己创业还是去找个工作。在各种各样的迷茫和压力下，无意中，他翻开了哲学家托马斯·卡莱里（Thomas Carlyle）的一本书，其中的一句话让他眼睛亮了起来：
"首要之务，不是着眼于既不可追又不可及的过去与未来，而是做好清清
楚楚摆在手边的事情（Our main business is not to see what lies dimly at
a distance ,but to do what lies clearly at hand）"。

正是这句话，让奥斯勒一下子醒悟了。他是一名自制力相当强的人，
明白这个道理以后，马上抛弃对明天的不安和恐惧，把全部的心力都投入
在了学习上。在他看来，这正是自己以后取得所有成就的秘诀。

我不是让你放弃明天，我没有忘记，刚刚让你打造过一份署名为你的
计划书。我只是说，计划和梦想要有，但与此同时，也要做一些容易实现
的事，一些你本来可以现在做但总是被推给以后的事。

比如，一位女学员告诉我她自己的梦想："等我赚够了钱，就提前退
休，去一个漂亮的海岛，种一些漂亮的花草，每天游泳、做瑜伽、弹钢琴、
画画。"她还给我看社交网络上别人发的在海边练瑜伽的照片，她说那就
是她想要的未来。

我听完以后问她："可是，亲爱的女士，我认为你梦想要做的所有
事情，现在都可以做到啊，我看不出来你有什么必要等到提前退休才可
以去做。"

她跟我们很多人一样，犯了一种名叫"迷恋重大改变"的毛病。所以
我们总是会说，等我结婚了就按时回家吃饭，等我换了一份工作一定要努
力，等我有钱了一定要买更有品位的家具……可是你明明现在就可以做到
的，为什么要等那个不知道什么时候会出现的重大改变呢？

托马斯·卡莱里说得一点没错，改变是从当下开始的。也许只是一些
微小的改变，比如每天早起 10 分钟，比如今天就开始去健身，也可以让

我们变得越来越好。

两个月以后，那位女士告诉我，她听了我的话以后，对自己曾经的想法感到很惭愧。现在她已经在练习瑜伽，每天坚持抽出一个小时，也已经在门前的草坪上洒下了金盏花种子。虽然她没有"赚够钱提前退休"，但"练瑜伽""种花草"却是现在就可以去做的，是马上就能实现的愿望。

我非常高兴地看到，她在立刻行动起来实现愿望的过程中，收获了更强的自制力，因为她告诉我："我现在经常会提醒自己，那些我打算等到以后去做的事情，是真的必须要等待吗？还是我只是习惯了拖延？如果不是，我会现在马上去做，我发现自己的自制力变强了。"

真的是这样，你不一定等到某个重大的改变来临，就从这一刻开始，实现一个马上可以实施的愿望，你会发现，那些很容易实现的愿望，同样能拯救我们的人生。一旦我们从这些微小的改变中尝到甜头，就会更真切地明白，我们需要用远大的目标刺激自己，但更需要在每一天的改变中，明白自己可以为生活做点什么。

培养一个"赢的"习惯

我是一个喜欢赢的人，我不会说"只要台下有一个人，我也要用心演讲"，我要让自己演讲的时候，台下坐满了人，甚至连过道里也站着听众，他们为我的演讲激动、喝彩，并且告诉我因为我的演讲，他们的人生发生了巨大的改变，这才是我想要的！结果呢？事实上，就像卡耐基的那句名言一样："我想赢，我一定能赢，结果我又赢了。"

我认识的很多演讲家，比如 Nick Vujicic、Tony Robbins、Deepak Chopra、Wayne Dyer 等，他们都是成功的人，也都是有赢的习惯的人！

我所崇拜的乔治·巴顿将军，也是这样一个人，他是美国陆军四星上将，第二次世界大战中最著名的军事将领，美国人的民族英雄。

"一品脱的汗水能拯救一加仑的献血！"你还记得巴顿将军的这句名言吗？每当我困顿时，我都会翻开手边的《巴顿将军传》，从他的语录中获得力量。我还喜欢他在演讲时说的这句话："我不想收到电报，说什么'我们正在坚守阵地'。我们不坚守任何阵地，让德国鬼子们去坚守阵地！"

在凡尔登战役前夕，巴顿将军为将军们做了特别的战前动员，其中有一段话是这样说的："有人说我争强好胜，这个评价恰如其分。因为我是美国人，我们美国人就是个争强好胜的民族。我对任何事情都好胜，都愿下赌注。我们参加的是一场有史以来最激烈的竞争。你们要同其他美国人和同盟国的军队竞争，去赢得最伟大的荣誉，那就是胜利！最先取得胜利的人，也就是赢得荣誉的人。永远不要忘掉这一点！"他赢得了热烈的掌声。

我相信，只有一个把赢当成习惯的人，才会说出这样的话。

想想科比·布莱恩特说的那句"总是有一个人要赢的，那个人为什么不是我呢"？再想想希拉里的竞选宣言"我在这里，是要赢的"，他们都是习惯赢的人。人生来不是被打败的，不是吗？

今天你的设计图成功地让客户认可，你赢了；和吝啬的领导谈判加薪，他做出了让步，你赢了；你正在减肥，在朋友请吃大餐的诱惑下，你选择回家吃蔬菜沙拉，这也是你赢了……不管什么时候，什么事情，强烈的求胜意志能带给我们强烈的自制力，强烈的自制力能带给我们赢的结果。

很难做到吗？那是当然的，但是，在你身边的人"试图"赢的时候，你告诉自己"必须"赢，你付出的努力和自制力是不同的，用一定要赢的强势心态去做事情，你赢的可能性也就更大。

在你努力培养"赢"的习惯时，你要额外注意一点：远离那些习惯了输的人。他们和诱惑、干扰一样，会对你的自制力造成极大的伤害，我管他们叫做"自制力杀手"。

在实际生活中，你的身边一定会有这样的人，他们已经接受了自己是个 Loser 的现实，放弃了努力。同时他们还在向你不断传递着一些负面的情绪，这些情绪会对你的心理产生潜移默化的影响，你很容易被别人所影响到。

有的人会说，我有自制力，我有自己的目标，我要赢，我不会被它们所影响。你确定吗？当这些习惯了输，并且想要告诉你输是很正常的，"自制力杀手"正在靠近你的时候，它们极有可能会影响到你赢的决心。

例如你正在努力地扩大自己的销售业绩，你的同事突然垂头丧气地和你说："嘿，伙计，我真的不想干了，我的妹夫现在自己开了个快餐店，一年赚了十几万美金呢！"你看着同事那副丧气的表情，你的心里在想什么？你或许会想："是啊，我得再拓展多少个客户，谈成多少合同，才能赚那么多啊，唉！。"接下来，你寝食难安，你会成天琢磨做什么能赚大钱，而"扩大销售业绩"这件事逐渐被你忽略了。

再比如你正在积极地做着储蓄计划，你的朋友凯伦过来一边抽烟一边诉说生活的种种痛苦，她说动了你，你有一种感同身受的感觉，随之情绪也变得低落。于是，你的潜意识里会产生一种想法：远离痛苦，让自己快乐起来。你开始寻找快乐的"良药"，根据你的经验，购物和享乐确实能让人远离痛苦，于是你终止了储蓄的计划，或减少了储蓄。

当然，这么容易被影响，说明你本来就没有想赢的习惯，也没有强烈的赢的欲望。通常，你有多想赢，就有多强的自制力，你也就能达到相应的高度。

最后，请记住这句话吧："我在这里，是要赢的！我做的一切事情，不是为了输才做的！"

那是你一直梦想去做的事情吗

有一位澳大利亚的小伙子尼克·胡哲，他生下来就患有"海豹肢症"——没有手和脚，是的，他没有四肢。在 10 岁前他曾试图自杀过三次，但庆幸的是，他被及时发现并被救了下来。当他 10 岁时，他给自己找到了人生的信念——"要为自己的快乐负责"，于是，他为了这个信念而发生改变，他成为了学生会主席，学习各种生活和运动技能。后来，他把梦想变成了"激励别人"，到世界各地进行过 1000 多场演讲，并出版了自己的图书和光盘，影响人数超过 5 亿人。

为什么梦想的力量如此巨大？

这是因为，梦想会给你坚定的信念。当你有了信念之后，精神世界就会充实，你会从其中得到支撑你的能量，你的自制力也会随之提高。同时，你的意识焦点也会更集中、目标也更清晰，行动起来也更有主动性，而且不会轻易受到外界的干扰和诱惑。

在一次家庭聚会时，我碰到了汉克，他是我的姐夫。我们多年未见，于是找了个安静的地方一边喝啤酒一边聊天叙旧。我们从邻里的趣事聊到最近的总统竞选，天南海北一通闲聊。后来，我们聊到了工作，我给他讲了自己的研究方向和训练课的事。

汉克一边听我说，一边喝着啤酒，突然目光闪烁地问我："嘿，伙计，你相信目标或是说信念的力量吗？"

"当然，我十分相信，我认为它可以提高人的自制力，可以帮助人实现自己不敢想象的梦想。"

"太对了！我给你讲一件事吧，这件事发生在我的身上。"

"哦？不会是又一个'少年派（另类少年有一部同名小说改编的电影《少年派的奇幻漂流》'）吧？哈哈。"我和汉克开了个玩笑。

"哈哈哈，不是。那是一年前我在阿曼苏丹国出差时发生的事情，但还不足以拍成一部电影。"汉克微笑着说。

"OK，我准备好好听一下。"我举起啤酒向他示意，我做好倾听的准备了。

汉克开始讲述自己的经历："就在去年，我刚刚搬到马斯喀特（阿曼首都），就租了一辆车。海湾处的交通很糟糕——马斯喀特的六条高速公路乱作一团，人们开车很疯狂。这让我很吃惊！

"那天我去银行开设一个账户。我有一张另外一家银行的支票需要去兑现。我知道这个银行在城市的另一边，我询问去这个银行的路线，他们告诉我走这条路，然后右转，朝相反的方向，然后再左转等。他们说的可能是阿拉伯语，我一句也听不懂，我开始陷入绝望的深渊。

"回到车上，我深吸一口气。我必须找到那家银行，因为我需要那笔钱。周围没有人能帮我。所以我深吸一口气并对自己说：发动引擎，开始出发，随便走一条路，随便朝哪转弯，抱有信念，15分钟之内你的车就能停在那家银行门前。

"我开始开车，让自己保持冷静并且集中注意力在"我能成功"上，我暗示自己：这只是小菜一碟！我有些时候也会陷入绝望情绪，但是我转回神，保持微笑，唱着歌，并且欣赏这美丽的城市和旁边开过的炫酷的汽车。

"你猜怎样？正好15分钟，我将车停在了那家银行门前，一分钟都不差！"

汉克喝了口啤酒，接着说："我相信这就是信念的力量。你确定目标，然后你所要做的一切就是享受过程。因为只要你有信心，你就会达到目标。这就像是乘坐出租车，要去某个地方，甚至知道路上会有交通阻塞和公路建设，但你都会到达你要去的地方。你相信我说的吗？"

我点了点头，"这真是一段有意思的经历，汉克，我相信你体会到了那种力量，来自信念的力量。你介意我把你的故事和我学员们分享，或是写到我的书里吗？"

"当然不介意，老伙计，来，干杯！"

你相信吗？信念的力量是巨大的，甚至超出我们的想象。我们生活中会发生很多不可思议的事，但它们确实发生了。虽然过程不一样，但是溯本求源地讲，都离不开信念的力量。在这些信念背后，有些有梦想的支撑，比如尼克·胡哲。有些没有，比如汉克。但不管怎样，信念都在给我们巨大的力量，包括自制力。

如果你在做一件事情的时候没有信念，那么，你可以问问自己："这到底是我一直梦想去做的事情吗？如果是，难道我不应该拼命去做吗？如果不是，那我到底为什么要做？"我想，弄清楚这个问题的答案，更有助于你的自制力发挥作用。

从宇宙的角度来说，我们每个人都是一个能量源，而开启能量源的钥匙就是我们的梦想，以及由此而生的信念。我接触的人中，有太多的人让我感到暗淡无光，他们的能量十分微弱，吸引不了任何好的事情发生。是的，他们的能量还没有开启！那么，你呢？

所以我相信，训练是你提高自制力的有效工具，但至关重要的是，你必须通过梦想和信念来开启你的能量。当你拥有坚定的、正确的信念之后，你会感到自己充满能量，就像换了一个人一样，好事自然发生！

让你的行动上一个档次

《80/20 法则》的作者理查德·科克曾经一针见血地指出："每一股力量，无论是一种产品、一家公司、一支新组建的摇滚乐队，或是像慢跑、溜冰等新的生活方式，当达到某一时刻后，都难以取得进一步的发展。人们会有很长一段时间大量的付出，但收益却甚小，以至于人们选择了放弃。但如果这股力量能够坚持下去，并超越这一根无形的线，付出将会得到惊人的回报！这条无形的线就是临界点！"

这种感觉就像我所持有的 AAPL（苹果公司的股票缩写），在 2008 年前，AAPL 的股价升到了 200 美元左右的高位上，然后回落到底部，并在底部徘徊了一年多时间，而随着公司业绩转好和新产品的推出，该股票一鼓作气突破了 200 美元的前期最高点，之后一路向上，甚至翻了三倍多。对于这只股票来说，之前的临界点就是 200 美元，一旦突破就会不断向上刷新纪录，直到新的临界点产生。

想想看，2008 年前，200 美元的历史阶段高价给这只股票构成了极大的压力，从专业术语上来讲，这就是一个"压力位"。所以，股票的临界点就是历史形成的"压力位"。很多人曾经断言，200 美元是一个巨大的泡沫，但事实却并非如此，未来也不能下定论。

对于我们每个人来讲，你之前通过努力而实现的某种成功，你的巅峰状态，就是你的临界点，也是你的"压力位"。你会在形成"压力位"后的一段时间内，反复做出努力，却无法实现突破。

这很好理解，因为你曾经的辉煌，也是你头脑、知识和自制力所形成的历史最高点，如果你想突破这个临界点，你需要做出改变。最重要的一点就是要提升你的自制力，让你的行动上一个档次。

那么，为了突破这个临界点，我们需要对自己下点狠心了。三个简单的步骤，你做到了，你就可以实现突破。

1. 新的目标

想想你原来的"极限"，你的"压力位"，你只需要给自己提出新的目标，让你的行动上一个档次的目标。华尔街一位资深的投资人士曾经跟我说过，每一只股票突破之前的"压力位"后，主力资金都会根据当时的经济大环境和公司的经营情况，制订一个新的目标价位。这虽然有涉嫌操纵股价的嫌疑，但足以说明，人们做什么事都应该有一个规划，否则人们努力半天又是为什么呢？

当你的新目标确定后，你未来的"临界点"就会形成，但这并没有关系，因为"临界点"就是被用来不断突破的。请你体会意识焦点的微妙变化，你会从过去的"极限"中走出，让新的目标成为你注意力的焦点，你会开始去琢磨，如何实现这一点。

2. 你的准备

为了一次突破"临界点"，实现我们新的目标，你的准备必不可少。本书前面部分有很多自制力练习，都可以看做是你的准备工作。当然，这还不够，你要根据你所指定的目标来准备。

例如你是一个半专业的鼓手，你之前的速度是每分钟单击 300 下，这已经是你的临界点了。你新的目标是每分钟单击 500 下，哇，这个目标提高了不少。那么你需要做哪些准备呢？那些顶级的鼓手会告诉你，你需要去做以下准备：

☆ 调整你的坐姿

☆ 做好呼吸训练

☆ 选几副不错的鼓槌，选出最适合你的

☆ 锻炼你的臂力，提高耐力

☆ 买个拳击用的速度球，每天都练习

……

你看，这些准备并不是单纯地去打鼓，但却为你行动上一个档次提供了必不可少的支持。

3. 孤注一掷

你会花一段时间进行准备，其实这个时候，你的行动已经开始了。你所需要做的就是孤注一掷地行动。想象一下无路可退的感觉，你别无他法的时候，那种状态才是你最应该要具有的。

克里夫励志成为一名职业作家，但是努力了很长时间后，他发现自己进展缓慢。问题出在了哪里？克里夫想了想，他每天用于写作的时间太短，而且多是在晚上，一想到第二天还要早起上班，克里夫很自然地就打起了哈欠，困意袭来。为了摆脱这种状态，实现自己的目标，克里夫做了个决定，他辞掉了待遇优厚的工作，开始专心写作。

他做出这个决定之后，已经没有其他的选择，只能在写作上下工夫了。结果几个月的时间，他就写完了自己的第一本书，并成功出版了。

所以，在你准备突破之前的临界点之前，请你仔细思考一下，并问自己下面这几个问题，如果答案都让你满意的话，你一定可以成功突破！

问题1：我新的目标是什么？它是否大幅超越了我的临界点，能让我上一个档次？

答案：_____

问题2：我是否为新目标做好了准备？我都准备了哪些事物？

答案：_____

问题3：我能否孤注一掷、全情投入地去行动？还有哪些牵绊我未处理？

答案：_____

为新的人生"化个妆"

我在自己经常去的一家零售商店观察到这种画面，收银员罗迪是个很聪明的小伙子，排队结账的人很多，有的人表情愉快，有的人则心事重重。那些看上去心情不错的人走到结账台前，罗迪很快就能捕捉到这种情绪，还微笑着聊上几句。而那些情绪不佳的人呢，他们的脸上就好像写着"情绪糟透了"一样，罗迪赶紧收起笑容，低着头一言不发地帮他们结账。就这样，罗迪随着人们的情绪反复地做出不同的反应，他是被动的，只是为了迎合不同的人。

要知道，我们身边 70% 的人都是经常不积极的，缺乏目标，找不到生活的热情，总是怨天尤人。你是这样的人吗？如果答案是"是的"，那么，从这一分这一秒起，你要开始新的人生，你要为以后新的人生"化个妆"。

有一位曾经在 FBI 工作了 6 年的人像画师，做过一个有趣的实验，他邀请了一批志愿者，他不认识这些人，他们之间就像我跟你一样陌生。你不知道我到底是一名成功的自制力培训师，还是商业区里在马路边上闲逛的流浪汉。

　　他做的实验是，找了一道屏障，把自己和志愿者隔开，他们谁也看不到谁。然后，他让这些志愿者一个接着一个地坐在屏障后面，描述自己的容貌，然后画师根据他们的描述给他们画了一幅肖像画。

　　完成以后，他又做了一件事情，让这些志愿者请来自己的朋友或同学、同事，总之是一些经常见到的人。然后他请这些人描述志愿者的相貌，当然他们也可以讲讲在自己心中这个人的形象。根据这些人的描述，他为他们画了第二张肖像画。

　　把前后两幅画放在一起对比，他发现了一件有趣的事：第二幅画比第一幅不仅要英俊或者美丽很多，而且，面部的表情也更加自信、友善，无一例外。

　　那些志愿者看到前后两幅画以后，都感觉非常惊讶。原来，你远比自己认为得更优秀。你原本应该更乐观、更积极地面对一切。可你并不知道，你总是忽略了这一事实。

　　在新的人生里，让我们记住这一事实吧。然后用你的自制力，给自己一副新的面孔，愉快、热情，最好还带着迷人的微笑。反正，不管你是哭着还是笑着，要做的事情都得去做。

　　16 岁那年，我被要求教 7 岁的妹妹学游泳，老实说我才不愿意花时间在那个哭哭啼啼的小女孩身上，她根本不该跳进水里。我花了半天时间，自己从游泳池边跳进泳池里无数次，告诉她这是很安全的，不用害怕，可是根本无法让她克服恐惧。

　　我简直要放弃了，她就是一个胆小鬼。我决定强迫她跳下去，但她根本不理会我说什么，只是一个劲儿地哭喊着"我害怕！"我甚至打算从背后把她推下水了。

这时候，年迈的伊迪丝阿姨走过来了，她已经从窗户里看了我们好一会儿，她一边把妹妹的小手握成拳头举起来，一边慢悠悠地跟妹妹说："亲爱的，那就先害怕一会儿吧，然后鼓足勇气、硬起头皮去跳！"没想到，妹妹不哭了，紧紧攥着拳头。过了一会儿，她闭着眼睛跳进了水里。

这是很多年前的事情了，我至今还记得很清楚。它让我明白了，你可以害怕，害怕也没关系，重要的是害怕以后要勇敢行动。

和不敢跳进水中的妹妹一样，我们总会有一些害怕的事情，或者不喜欢的事情，可我们必须去做。有些人会一边抱怨一边去做，有些人一声不吭草草了事，也许你就是那么做的。但在新的人生里，那是你需要摒弃的态度。

需要注意的是，在你身边，有很多朋友觉得你自信、聪明、漂亮，但也有一些心态消极的人，往往想方设法地把你拉入他们的"营地"。

我的母亲莫妮卡是一个典型的心态消极的人，她对于各种负面的消息都十分关注，例如萧条的经济、失业率、犯罪、灾害，等等，她宁肯在家里坐上一星期，也不愿意走出家门，因为她总是觉得外面的世界非常危险。最要命的在于，她不断说服我，想让我也尽量别到处溜达。在我大学毕业后，她不止一次地劝说我找一份安稳的工作，结婚生子然后退休，而我的兴趣在于如何创造一番事业。

庆幸的是，我没有被她拉到她的"阵营"里，我有了自己的公司，买了大房子，连给孩子上大学的钱我都早就准备好了。可是和我一起长大的很多人就没有那么幸运了，他们本来才华横溢，但却被心态消极的父母、朋友说服，过着安于现状的日子。

　　你要记住这一点，和你最接近的人，往往希望让你的意识观念和他们一样，如果他们是积极的人，你就赚了，如果是消极的，那你就要小心了！千万不要让自己变得和他们一样，时刻记得，你的人生需要什么样的面貌。

结识你想结识的人

在人际关系理论中，有一个来自数学领域的著名猜想，是哈佛大学社会心理学教授斯坦利·米尔格兰姆提出的，叫做"六度分割理论"（Six Degrees of Separation），它认为：你和任何一个陌生人之间所隔的人不会超过六个，也就是说，最多通过六个人你就能够认识一个陌生人。想要认识美国总统，你也最多只需要通过六个人。这个命题很有趣，好多人都做过实验，也都得到了验证。

但是，难道结识自己想结识的人就这么简单？ No！绝对不是。为什么你只需要通过六个人就能认识美国总统却没有去认识呢？因为你没有动手去做。可能是你觉得这样做没什么意义所以没有尝试，也可能是，你害怕，不敢去做。

那么，我想请大家记得英国特种空勤团 SAS 的格言，这支享誉世界的精英部队，在他们的徽章上刻着"Who Dares Wins（勇者胜）"。

如果你是雷吉·布什的球迷，在他比赛的现场亢奋地呐喊，留下了很多美好的时刻。现在我告诉你，想办法去认识他吧。你会怎么回答？

如果一个越南男孩，疯狂迷恋阿森纳球队，想要认识他们。你认为这个难度有多高？

2013 年 7 月 16 日，阿森纳队官网的头条位置，是这样一张照片：一位亚洲男子，在大巴车上与阿尔特塔的合影。每个故事都有一个英雄，这个故事的英雄就是那名亚洲男子，阿森纳官网叫他"the Running Man"。故事是这样的。

他是一个越南人。当时阿森纳正在进行他们的亚洲行。到了越南以后，阿森纳外出旅游观光，在越南的首都河内的一个著名景点"一柱寺"那里，阿森纳被球迷认出来了，并且受到了疯狂的追捧，数百名兴奋的越南球迷试图追赶阿森纳的大巴车。

照片上的这名男子，就是其中一位球迷。车开得并不慢，很多人追了一段也就放弃了。但这个 20 岁左右的男孩不一样，在阿森纳乘坐的大巴车离开景点以后，他仍然追着大巴车奔跑，一边跑一边冲车内的球星微笑，向他们挥手致意，朝他们竖起大拇指赞美。

不知道摔倒了多少次，还撞到过路边的树木，撞到过灯塔，但他都没有停下来。在这个奔跑—摔倒—爬起来—微笑—继续奔跑的过程中，车内球星们的态度变了，他们对这个小伙子肃然起敬，所有球员都跑向车厢那一侧，对他唱起了歌：Sign him up（签下他）！ Sign him up……

在奔跑了 5000 米以后，他看起来很累了，但他仍然没有停下来，而是换乘摩托车，终于追上了阿森纳的大巴，并且破例被教练温格允许登上大巴车，他赢得了偶像们的掌声，得到了和偶像零距离接触并且合影的机会。

"当我第一眼看到他时，我想，我爱上他了。"温格丝毫不掩饰对这个亚洲男子的喜爱，"他真的很持久，而且是在速度那么快的状态下，换成其他人，可能早就放弃了！" "这足以看出他的体力之好，并且能在高速运动状态下把技术运用得恰到好处，这正是我想要的！"

就这样，这位"奔跑者"结识了自己想要结识的人。故事还没有结束。2013 年 7 月 17 日，当阿森纳和越南队一同出现在绿茵球场时，这位"Running Man"居然获得了与阿森纳球星一起出场的机会。他不仅参加了双方球员例行的握手仪式，还获得了温格赠送的机票、球票和酒店住宿待遇。对一个球迷来说，这是做梦都不敢想象的礼遇！

当前锋吉鲁把这段过程的视频放在社交网络上以后，所有人都为他喝彩，全世界的人都惊叹"这个小伙子太幸运了！"

真的是他幸运吗？我肯定不会这样认为。一开始和他奔跑的人有上百个，但跑了 5000 米的只有他一个。可能这样的举动很疯狂，可是谁知道呢，上帝就是偏爱那些拼了命疯狂奔跑的人。

所以，想要结识你想结识的人却觉得遥不可及吗？那是因为，你只是一名观望者（Watching Man），而不是一名奔跑者。

结识你想要结识的人，要勇敢地奔跑起来。即便没有奔跑，至少你也得迈开脚步。否则，你怎么可能离他或她更近呢？不管你想结识的人和你差距有多大，距离你有多远，只要你勇敢迈出第一步，那就有成功的希望。

不管是通过聚会、典礼、会议、旅游、社交网站，还是请身边的亲朋好友帮忙，你要充分利用一切资源，运用你的自制力，别后退，勇敢去实现你的愿望。

我的学员里，有人成功认识了入职 8 年都没见过的公司总裁；有人收到了安妮·海瑟薇的回信，虽然有可能是助理写的；还有人终于见到了仰慕已久的约翰·伯格……我为他们每一个人感到高兴。你呢？我很期待听到你的故事，并且分享你的喜悦。

远离让你尴尬的臃肿身材

　　我注意观察到，每次在海滩，看到中年人臃肿的身材，年轻人的表情大都是不屑加同情。他们一定在想，一个人要怎样堕落才允许自己胖成那样。

　　也许有一天，他们自己也会胖成那样，现在他们那么年轻，还不需要为尴尬的臃肿身材烦恼。而你，如果你已经胖成那样，或者有那样的趋势，从现在开始就要用你的自制力远离那些肥肉。谁都知道，想要减肥只需要少吃多运动，但关键是你没有自制力，要么减不掉，要么不断反弹。

　　我的一名学员克劳瑞丝已经减肥成功三四次了，你懂的，她总是瘦下去又胖回来，她认为这是一种宿命。可我不认为她应该是这样的命运，她只是自制力不够。任何改变如果没有来自于内心坚定的愿望和自制力，通常都不会持久。我为她制订了一套 60 天的减肥计划，使用了前面介绍的一些原则，帮助她提高了减肥的自制力。过程是这样的。

1. 改变焦点，形成图像（3天）

　　在一开始的阶段中，我用了几天时间和克劳瑞丝进行沟通，我们做了一些练习，把她的注意力焦点放在了"我如何才能成功减肥"上，当然，我希望她尽量不要去想上一次减肥的经历，因为那样她的潜意识会阻碍她进行这一次减肥的计划。

我们在一起探索了未来想要到达的目的地，克劳瑞丝在一张纸上写下如下内容。

我的出发地：克劳瑞丝，7 月 26 日，体重 81 千克。

我的目的地：克劳瑞丝，60 天后，9 月 25 日，体重 70 千克。

我将不用再去订制大号女装，我可以到商店购买衣服。

我将不会上个楼梯都要大口喘气，我可以参加各种活动。

我会开始一段恋情，找到一个爱我的男人，并生活在一起。

我让克劳瑞丝照着这个又写了几份，然后叮嘱她分别放在自己的钱包里、镜框边和自家的餐桌上。然后我建议她按照健身教练的指导开始进行减肥训练，并把自己写的一份纸交给教练。

2. 权衡利弊，取消许可（12 天）

在这一阶段，训练的重点在于让克劳瑞丝适应减肥的初步训练，并开始远离美食的诱惑和惰性的干扰。我让她在每一次自制力遇到冲击的时候，就进行权衡利弊的练习，逐渐地，她会从心理上取消对自己的许可。

对于抵制美食的诱惑，克劳瑞丝给我发来了她的思考过程。

短期损失：我将不能尝到巧克力、烤鸡和油炸食品的味道。

短期收益：我可以省下一笔钱，还可以锻炼我的自律性。

长期损失：我将有可能和美食相隔很长时间。

长期收益：我能让自己实现减肥的目标，并摆脱对垃圾食品的依赖。

这个阶段，她成功减掉了两千克赘肉，我相信她看到了胜利的曙光。

3. 加大强度，"身心合一"（25 天）

这是一个非常关键的阶段，因为在这个阶段里，我希望克劳瑞丝可以成功减掉 4 千克左右的赘肉。所以，我对她提出了"制约"的要求，让她把自己所有大号尺寸的衣服统统扔掉，只留一身运动服。

同时，健身教练帮助克劳瑞丝加大了运动量，我们一起不断鼓励她。结果是，这个阶段的最后，她减掉了 5 千克。

另外在这个阶段，我推荐她看了克里斯蒂安·贝尔主演的《机械师》，这部电影不光情节相当精彩，最重要的是，主演克里斯蒂安为了这部电影，在两周时间内瘦了将近 25 千克（相当于他 1/3 的体重），成为世界电影史上的一段佳话。

4. 精神刺激，坚持到底（20 天）

克劳瑞丝在前三个阶段已经减掉了 7 千克，现在的目标就是在 20 天之内减掉 4 千克，我们为这个目标而做冲刺。我知道，在经过之前 25 天逐级加大强度的训练后，克劳瑞丝处于一种疲惫的状态，这个时候我需要为她做一些精神刺激了。

我知道这样做很考验她的自尊心，但是我还是在这个阶段的开始，和她见了次面。我对她之前的努力给了很大的肯定："你做得太棒了，克劳瑞丝！"她也很是高兴。然后我转移了话题："克劳瑞丝，我想知道，有没有因为你的体重，别人说过一些让你很难堪的话？当然，你有权利不告诉我。"

克劳瑞丝犹豫了一会儿，但还是说了。她一边回忆，一边说出那些曾经深深刺痛她的话，我在一边做了记录。等她说完，我把我做的记录递给了她，只对她说了一句话："当你疲惫时，不妨看下这个，然后当你减掉最后的 4 千克时，请把这张纸烧掉。"

13 天之后，克劳瑞丝就烧掉了这张伤害她自尊的纸——她到达了目的地！

当然，她并没有放松对自己的要求，在那一年冬天的时候，她已经减到了 60 千克以下，她开始更有自信地参加各种社交活动。很多英俊的小伙子都在追求她！

你瞧，克劳瑞丝做到了，在减掉赘肉的同时增强了自制力，这是一件多么一举两得的事情！你呢？我期待着你的好消息。

◇有效练习 7　保持你的自制力

没有一种成功不是因为坚持。当你的自制力达到一定高度的时候，你需要让自己保持住，需要保护好它。

一旦你发现自己的自制力有减弱的趋势，你应该怎么办呢？就像运动一样，加大你的训练强度，让肌肉再次发达起来！

所以，我建议你每周进行一次小结，这里我给你提供五项内容，你可以对照它们检验自己的自制力，并且随时巩固它们。

1. 坚定目标的自制力

问题：现在，我有没有因为困难退缩的念头？我有没有受到别人的消极影响？

训练方法：权衡利弊、"精神刺激法"、角色扮演游戏。

2. 控制冲动的自制力

问题：我这周有没有做过让自己后悔的事情？

训练方法：心理暗示、放慢速度、沉默规避。

3. 保持激情的自制力

问题：我现在的状态是充满了热情、动力十足吗？

训练方法：微笑练习、赞美练习、自励练习。

4. 规避干扰的自制力

问题：我这周有没有出现拖延或者注意力不集中的情况？

训练方法：建立"制约机制"、拒绝心里许可、紧迫感练习。

5. 排除负面情绪的自制力

问题：我有没有频繁出现负面情绪并且不能很快走出来？

训练方法：乐观联想练习、转移注意力练习、消极念头转换练习。

 后记

拥有自制力，
掌握自己的人生

就在这本书即将完成的时候，我接到了弗兰克·罗宾的电话，他是我的学员，一位房产经纪人，他激动地告诉我，在参加了自制力训练之后，自己的收入在一年之内翻了三倍！

弗兰克坚信自己的使命是"做北美口碑最好的经纪人"，但他在过去的一年里遇到了职业瓶颈，每个季度平均可以卖出二十套房子，再也没有提升。为了让他实现自己的梦想，我重新帮助他制订了计划，我告诉弗兰克，要把注意力从"做买卖"变成"树立自己的口碑和品牌"，他开始朝着这个正确的方向行动。

在这个过程中，弗兰克变得很积极，在几个月之内，他反复学习汤姆·霍普金斯、乔·吉拉德等推销大师的书籍和录影带，感知他们的思考、说话、办事方式，并在工作时把自己假想成那些大师，"复制"他们的好习惯和做法。

他还清算了自己的资源，重新整理了自己的形象！一个更专业、更热情，为了帮助别人实现幸福而奋斗的经纪人弗兰克出现了！

在随后的一年里，他保持在每个月售出六七套房产的状态，最好的时候，他甚至卖出了十套！不到一年时间，他的收入翻了三倍多，成为了全

公司的"明星"！

　　他打来电话向我表示感谢，和我分享他的喜悦。这是我职业生涯中最让人兴奋的时刻，我又帮助一个人掌控了自己的人生，还能有比这更美妙的事情吗？

　　你也可以的，我相信每一个人都可以拥有强大的自制力。在这本书里，我讲授了很多原理和练习，为的就是让你学会征服自己的惰性，你还记得它们吗？

　　我相信，只要将这些练习付诸行动，很快你就可以体会到那种久违的征服感，你的身心会发生积极的变化，你会以全新的自己出现在众人面前。

　　但这只是你全新的开始，而未知的世界还需要你去征服。你要懂得一点，梦想和信念是你最好的精神力量，使命也是你的动力来源，它们都能对你的自制力起到决定性的影响。我甚至可以断言，你能走到哪里，取决于你是否拥有梦想，并明确你的使命。

　　最后，我衷心希望你能成为下一个弗兰克，不，应该说，你会成为能够掌控自己人生的你，一个更棒的你！那将是我最乐于见到的事情。